Nature Reserves of the World

世界著名自然保护区

世界 自然地理

编委会

主　编　徐斌
编　委　于薇　金伟　刘亚杰　党振发
本书撰稿　徐斌　党振发

長春出版社

图书在版编目(CIP)数据

世界名区 / 徐斌著. —长春：长春出版社，2007.6
（世界自然地理）
ISBN 978-7-5445-0449-2
Ⅰ. 世… Ⅱ. 徐… Ⅲ. 自然保护区—简介—世界
Ⅳ. S759.991

中国版本图书馆 CIP 数据核字（2007）第 075399 号

世界名区

著　　者：徐　斌　党振发著
责任编辑：王生团
封面设计：王国擎

出版发行：長春出版社　　总编室电话：0431-88563443
发行部电话：0431-88561180　　读者服务部电话：0431-88561177
地　　址：吉林省长春市建设街 1377 号
邮　　编：130061
网　　址：www.cccbs.net
制　　版：恒源工作室
印　　刷：长春市利源彩印有限公司
经　　销：新华书店

开　　本：787 毫米×1092 毫米　1/16
字　　数：250 千字
印　　张：12.375
版　　次：2007 年 6 月第 1 版
印　　次：2012 年 3 月第 4 次印刷
定　　价：19.80 元

亚洲

明月映进石上的清泉 怎能不让诗人浅酌低唱

非洲

弱肉强食的自然戏剧 演出在那片充满野性的高天旷野

欧洲

寻觅一方方乐土 让不胜人类烦扰的大自然享受一份安闲

美洲

静听水声淅沥 细观奇石怪岩 分享大自然的灵动之气

澳洲

巨大而壮美的画卷 在天地之间挥洒着粗犷而美丽的笔触

明月映进石上的清泉
怎能不让诗人
浅酌低唱

Hakone National Park

箱根国家公园

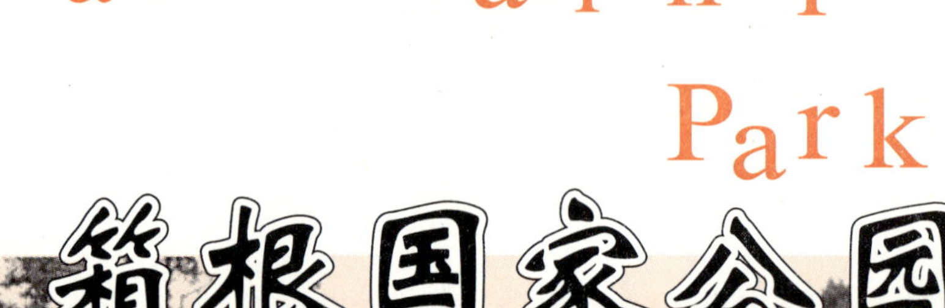

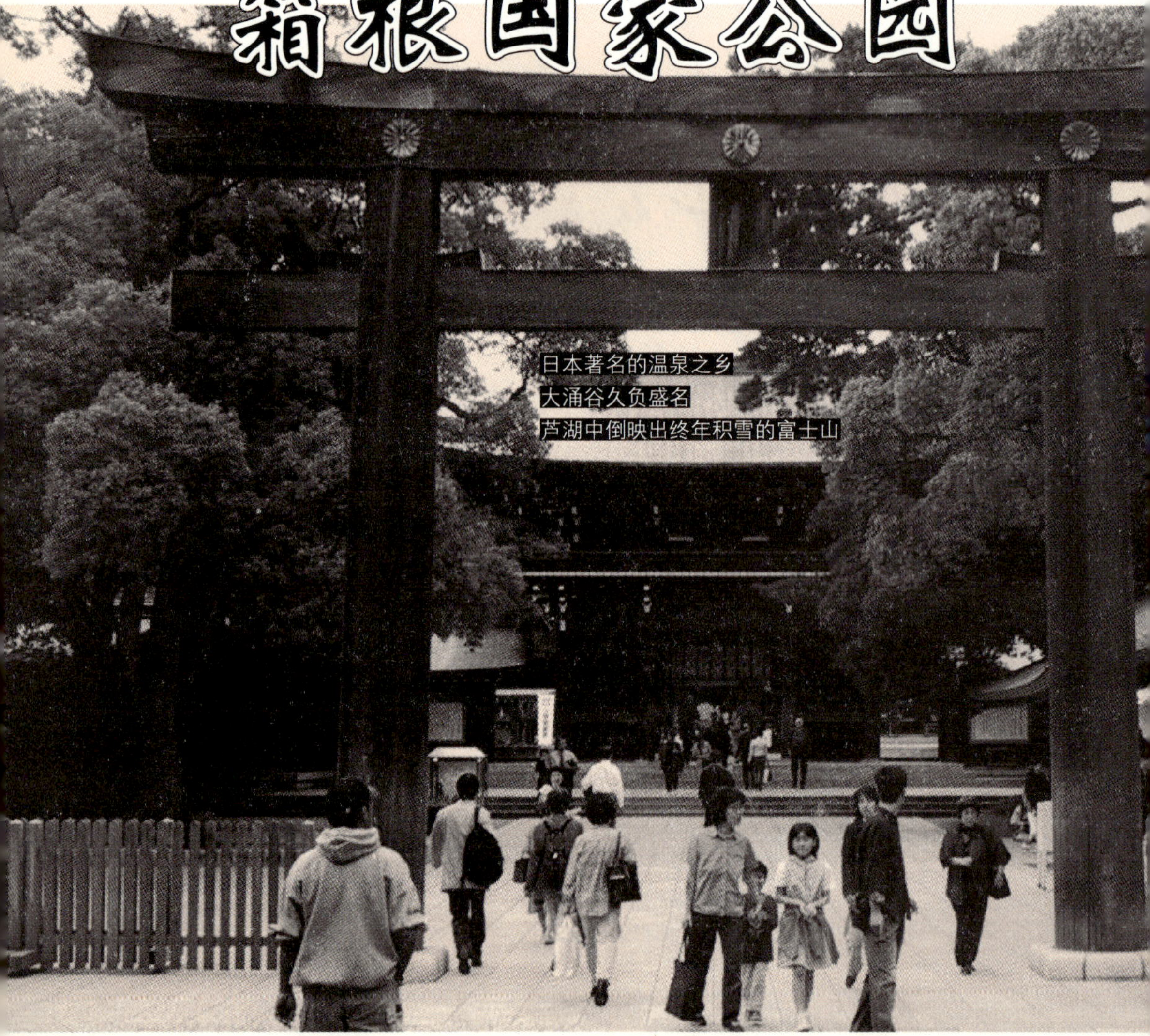

日本著名的温泉之乡
大涌谷久负盛名
芦湖中倒映出终年积雪的富士山

Hakone National Park

地理位置:位于日本神奈川县西南部,距东京90千米。

自然概况:总面积约94平方千米。它的核心地区是芦湖,它是40万年前因火山活动而形成的火山湖,面积为7平方千米,最深处达45米,海拔高度为726米,环湖长度为17.5千米。

气候条件:受太平洋暖流影响,一年四季气温变化比较小,年平均气温为16.1℃,即使是寒冬腊月,平均气温也在摄氏零度左右。

动植物分布:芦湖中盛产黑鲈鱼和鳟鱼,适于垂钓。园内有大片的原始森林。

资源特产:绘有浮世绘图样的工艺品和颇具地方色彩的偶人都是很受游人青睐的纪念品。这里的温泉特别有名,其代表是“箱根七汤”。

游览须知:箱根的小酒馆日本特色明显,只提供典型的日式酒——清酒。清酒的主要原料是精白米,色泽澄澈,呈淡黄色,酒度在16%左右。饮清酒要使用瓷制浅碗(形似瓷碟),小口轻啜,而且讲究意境,切不可吆三喝四,划拳行令。

箱根犹如我国南方的一处山水小筑,最宜文人墨客在这里饮酒赋诗,虽然那酒是日本特有的清酒,却与我国南方的米酒差不多,温热的感觉一点点漫上身来,不容易喝醉,却能让诗人在迷离的醉眼中才思泉涌。

箱根最富诗意的季节当然是春季。远看云端上的富士山,好像戴着一顶银光闪闪的雪冠,近看满树樱花,搅起漫天“花吹雪”的奇景,还有点缀着民宅古迹的葱郁丘陵,潺潺的温泉随处流淌,分明是王维笔下“明月松间照,清泉石上流”的意境。这时候一樽清酒在手,怎能不让诗人浅酌低唱。

箱根的景致随季节而变化，各有千秋，而四时独擅胜场的只有芦湖。湖水清澈湛蓝，晴天时湖水中倒映出终年积雪的富士山的雄姿，被誉为“玉扇倒悬东海天”，为箱根一大胜景，也是日本的百景之一。芦湖周围绿荫簇拥，景色宜人，而最引人注目的是芦湖东岸那些高耸入云的柳杉树，它们整齐地排列在古时的东海道驿道两旁，相传种植于公元 1619 年，当初是为了夏季遮阴，冬季防护驿道免受风雪侵袭。这些饱览数百年沧桑的柳杉树现在共有 420 棵，已经被政府指定为自然纪念物而得到妥善保护。

在芦湖东岸还有一个箱根关所，它是一片面积为 198 平方米的木造平房，于公元 1619 年由德川幕府设立，是古时联系江户与京都的东海道驿道上的一个关口，当年这里驻有兵丁，对通行旅人进行严格盘查。如今这里改建成陈列馆，陈列着 1000 多件江户时代的实物，如当时行人携带的“身份证”、捕吏使用的短枪、长柄大刀以及栩栩如生的塑像等。

箱根不受四时变化影响的景观是在地理学上久负盛名的大涌谷。箱根处处绿树环抱，唯独此处山岩裸露，高高下下的石隙间，喷射着滚烫的蒸汽，顺着山势蒸腾缭绕，散发出浓重刺鼻的硫黄气味。这里终日白烟缭绕，远望如白云出岫，也是箱根的奇景之一。

大约 4000 年前，箱根地区的火山活动进入末期，神山的北山腹发生火山大喷发，形成了大涌谷火山口遗迹。火山喷发的威力让人们十分恐惧，所以大涌谷火山口还有个别名叫“大地狱”。日本天皇到此游览，觉得这个名字不雅，于是就给它改名为“大涌谷”。尽管这里的火山一直没有停止活动，还是长年游人不断。游客登上山顶，都要品

箱根神社

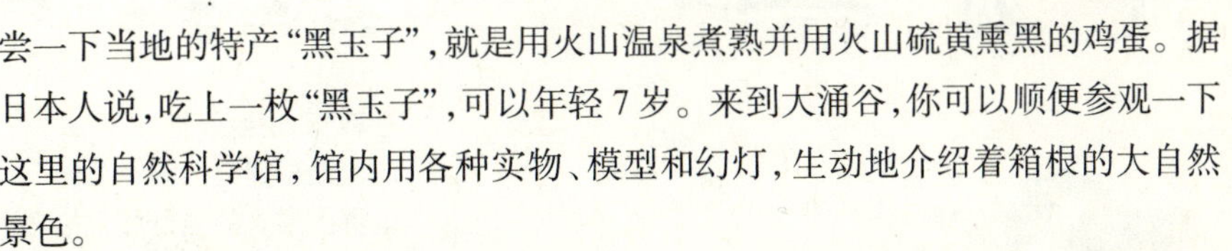

Hakone National Park

尝一下当地的特产“黑玉子”，就是用火山温泉煮熟并用火山硫黄熏黑的鸡蛋。据日本人说，吃上一枚“黑玉子”，可以年轻 7 岁。来到大涌谷，你可以顺便参观一下这里的自然科学馆，馆内用各种实物、模型和幻灯，生动地介绍着箱根的大自然景色。

除了观赏自然美景，泡汤品酹也是游人的一大享受。所谓品酹就是喝清酒，而泡汤就是洗温泉，温泉饱含矿物质，所以称“汤”而不称“水”。箱根温泉多达 336 处，涌出量在日本全国名列前茅。在箱根泡汤不仅解乏，还能防病治病。这里的温泉主要是硫黄泉和钠盐泉，对神经痛、关节炎、慢性消化系统病、畏寒症及皮肤病、高血压等症状都有一定的疗效。早在明治 6 年(1873)，明治天皇就携皇后一起来箱根静养洗温泉。到了明治中期，箱根已经有汤本、塔之泽、堂岛、宫下、底仓、芦之汤、古贺等七处著名温泉，形成了著名的“箱根七汤”。后来在原有的“箱根七汤”的基础上，又增加了大平台、小涌谷等 10 个新的温泉佳地，合称“箱根十七汤”。

箱根地区酒店内的客房、公共浴池、室内游泳池等，全都使用地下涌出的天然温泉水，任你尽情享受。但是你要想真正体会泡汤的情趣，最好选择露天温泉。它通常是一个两米见方的池子，朝外的一面没有墙壁。坐在不停涌动的温泉水里泡得时间久了，头上就会大汗淋漓，而嘴里却能呼吸到山野中的清新空气，又能观看远近山林的景色和街上的往来行人。如果是冬天，一片片雪花飘落在露在水外的肌肤上，一点也不觉得冷，反倒感到沁人心脾的清凉，但前提是汗必须出透了。

与“箱根七汤”并称的就是“箱根八里”。箱根旧街道从小田原到芦湖边这一段古时称为上四里（东阪），由芦湖边的元箱根到三岛这一段称为下四里（西阪），合称“箱根八里”。其中经过箱根岭那一段最为险峻，虽然比不上中国的剑门蜀道，但也有雄关古道的风采，已经被指定为日本的国家历史遗产。游人沿着“箱根八里”的石板路信步而行，即使不懂日本历史，也不难感受到古老的余韵。

箱根多山，在这里游览不宜步行，游人大多利用有轨缆车和索道，早云寺、千条瀑、仙石原、九头龙神社等名胜古迹都设有站点，不会错过。从空中观览箱根的秀丽风光，不仅节省体力，而且能体味到俯仰高低给景色带来的奇妙变化。

Kaziranga National Park

卡齐兰加国家公园

号称“动物的天堂”
印度最早建立的国家公园
世界上最大的独角犀牛栖息地

地理位置:位于印度东北部阿萨姆邦的中心地带,坐落在布拉马普特拉河谷中,距离古瓦哈提 217 千米。

自然概况:位于雅鲁藏布江的沉积平原上,占地 430 平方千米,平均海拔在 40 米~80 米之间。北依雅鲁藏布江,河边草丛高大茂密,其间点缀着森林、溪流和不胜枚举的小湖。每年有 3/4 甚至更多的土地淹没在洪水中。

气候条件:一年可分为三个季节:从 2 月中旬到 5 月是夏天,干燥多风,平均最高气温为 37℃;5 月到 9 月是季风季节,空气湿润,平均降水量为 2200 毫米;11 月到来年的 2 月中旬是冬天,空气干燥,温度适中,平均最高气温为 25℃。

动植物分布:公园中有三种主要的植被:冲积而成的草原、热带湿润常绿林和热带半绿林。园内还生活着 15 种濒危哺乳动物,如印度犀牛、叶猴、长臂猿、老虎、豹、熊、印度象等。在这里栖息的鸟类有 300 多种。公园内还生活着水蜥、印度巨蟒、普通眼镜蛇和眼镜蛇王等爬行动物。

资源特产:森林资源丰富,为印度木材主要供应地之一。还有丰富的矿产资源,盛产大理石、金刚石、原油、天然气等。

游览须知:每年的 11 月到来年 4 月对外开放,公园内没有村庄,但它三面都与人类的聚居地和茶树种植园接壤。37 号国道贯穿其中,游人可以坐车游览。

卡齐兰加国家公园所在处是一片人迹罕见的沼泽地，班格拉河由东向西穿过园区，经常泛滥的洪水使得这一带池塘遍布，河溪纵横，这就为印度独角犀牛的生长提供了良好的生活条件。

印度独角犀牛是印度半岛上最凶猛的动物，也是世界上最稀少的大型野生动物。它的体长可达3米，体重超过800千克。皮上有许多圆钉似的突起，好似披着一件古代武士的甲胄。别看它是食草类动物，走起路来慢腾腾的，脾气挺温顺的，可一旦被惹翻了，它就会瞪起血红的眼睛，挺起那根碗口粗的独角，不顾一切地撞上去，就连老虎、大象也要避让三分。

独角犀牛几乎没有什么天敌，也不会主动去攻击别的动物，只是喜欢吃些鲜嫩的芦苇茎叶，水生植物和湿地上的其他植物都能让它填饱肚子。在班格拉河两岸，它们本来可以像隐士一样，过着与世无争的生活。它倒霉就倒在那根最长能达1.5米的独角上。犀角是一味名贵的中药，有凉血、清热、解毒的功用，市场价格约3万美金1千克。科学研究表明，犀角的确有良好的药效，小孩子发高烧，取一点点犀角屑冲水服下，就可以很快退烧。不过，犀角的作用在民间被夸大得太多，甚至有人说服用犀牛角粉冲成的茶水，便可长生不老，返老还童。犀角在民间传说中还有辟邪的用处。晋朝有个叫温峤的人，听说武昌牛渚矶水深不可测，其下多怪物，相传犀牛角放入水中会发光，所以人们便烧了犀牛角去照。成语“犀燃烛照”就出自这里，常被用来比喻洞察幽微。

既然犀牛角如此神奇，就有人趋之若鹜，带动着犀牛角的价格扶摇直上，竟然达到比同等重量的黄金还贵3倍的程度。在高额利润的驱动下，胆大妄为的捕捉者便闯进了犀牛世代为家的地方，用猎枪来对付皮粗肉厚的犀牛。动物再凶猛，毕竟不是人的对手，尤其是那些躲在暗地里放黑枪的人。一阵阵令人心悸的枪声响过之后，独角犀牛成批地倒在血泊之中。印度人有些着急了，便于1900年在卡齐兰加地区进行了一次野生动物普查，结果发现这一地区特有的独角犀牛只剩下12头了。阿萨姆邦的首长立即发布命令，把整个卡齐兰加地区封锁起来，变成森林保护区，不准任何人随意出入，当地居民也全都被迁移出去。早在1950年，印度人就想把这一带变成野生动物保护区，但直到1974年这项动议才正式通过，卡齐兰加国家公园由此正式出现。经过多年来的休养生息，卡齐兰加地区变得更加荒凉了，但这正好符合建立国家公园的初衷，并不是去改造自然，而是让原始的自然状态得到完全恢复，这样独角犀牛们又过上了自由自在的生活，种群数量随之增长。目前，这里已经成为世界上最大的独角犀牛的栖息地，犀牛总数已经达到1200头左右，占世界现存总数的3/4。

每年的11月到来年的4月，卡齐兰加国家公园就会迎来它最热闹的季节，也是这里集中迎接旅游观光者的季节。这时候，漫长的雨季已经过去，阳光代替了阴霾，凉爽代替了炎热，大地吸足了雨水，披上了一层崭新的绿装。天气晴朗的时候，人们还可以在这里远眺到喜马拉雅山光彩夺目的雪峰。

人们来到卡齐兰加，就是为了一睹独角犀牛在原产地的野外生活。为了满足游人的愿望，国家公园的管理人员早早地就安排好了大象，让它们驮着远方来客，摇摇晃晃地走进独角犀牛出没的沼泽地，近距离地观看群聚的犀牛如何在水塘里嬉戏，如何在泥沼里打滚，如何慢吞吞地吃草。犀牛对于驮人的大象已经是司空见惯了，即便闯进它们的领地，也熟视无睹。

中午时分，骄阳灼人，犀牛们纷纷躺进水里，抵御炎热。这时候，你会看到犀牛的背上落满了色彩各异的小鸟。这些体形像画眉般大小的小鸟是最受犀牛欢迎的客人。犀牛的皮肤虽厚，可是皮肤皱褶之间却又嫩又薄，一些寄生虫和吸血的蚊虫便乘虚而入，吸食犀牛的血液。犀牛又痒又痛，只得往身上涂泥巴，多少抵挡一下蚊虫的叮咬，此外就别无良策了。那些小鸟全是捕虫的好手，它们伸出尖尖的小嘴，把藏在犀牛皮肤皱褶中的壁虱和寄生虫啄出来吃掉。消除了作恶的害虫，犀牛顿觉浑身舒服，自然不会拒绝这些小鸟的帮忙。

这些小鸟还是犀牛的小帮手。犀牛鼻子好使，视力却很差，是个近视眼。如果敌人逆风悄悄地前来偷袭，它就很难察觉到了。这时候，眼尖的小鸟们就

Kaziranga National Park

会在它背上飞上飞下，叫个不停。犀牛由此意识到危险即将来临，便会及时采取防范措施。

卡齐兰加国家公园中除了独角犀牛外，还有许多哺乳动物，如大象、印度野牛、沼泽鹿、印度长毛熊和老虎等。在公园对外开放期间，人们在贯通园区的公路两旁，很容易观赏到这些野生动物的生活状态。公园内积聚起丰富的养料，每年都能吸引100多种候鸟光顾这里，最远的来自西伯利亚。灰色的塘鹅、黑颈鹳、雅典娜鱼鹰、灰白头鱼鹰、山鹑、灰孔雀雉、大杂色犀鸟和绿鸽子等，全都很有趣，使得这里又成了观鸟的天堂。

在卡齐兰加国家公园中观赏野生动物，既安全又惬意的经历就是骑象之旅。这里土地开阔，坐在高高的象背上，视野极佳。那些经过驯化的大象都非常听话，性情也温和，绝对不会欺生。大象这种动物与马一样，与人类接触的时间太长，已经把人类当成了自己的朋友。在卡齐兰加国家公园中，还可以看到盛装的大象表演，它们在看象人指挥下列队行进，丝毫不乱，雍容华贵，颇有绅士风度。大象外表看似笨拙，实则心思聪慧，经过训练后不仅可以干粗重的活计，还可以踢足球。2005年11月，卡齐兰加国家公园原定为庆祝公园百年华诞举行一次大象足球赛，因为遭到动物保护主义者的强烈抗议而被迫取消。虽然人们没能在动物保护区里看到大象的绝妙表演，但这件事却从一个侧面反映了人们对大象这种动物的喜爱之情。假如人们都能对动物培养出这样一种感情，那么动物保护区也就没有必要设立了。

格雷梅国家公园

以奇岩怪石闻名于世
洞穴教堂体现了拜占庭艺术精华
“精灵烟囱”堪称地理奇观

Coreme National Park

地理位置:位于土耳其中部的安纳托利亚高原上的卡帕多西亚省,处在内夫谢希尔、阿瓦诺斯、于尔居普三座城市之中的一片三角形地带上,距土耳其首都安卡拉东南约220千米。

自然概况:坐落在由远古时代的火山喷发出来的熔岩构成的火山岩高原上,面积近4千平方千米。山上寸草不生,岩石裸露,与之形成鲜明对比的是林木茂盛的山间峡谷,公园内的村镇、道路、古建筑遗址大都沿着峡谷分布。

气候条件: 属半大陆性气候, 反差极大, 夏季气温高达40℃, 冬季气温时常处在-30℃。年降水量在300毫米左右。

动植物分布:由于峡谷内风力较弱,适宜植物生长,所以谷中集中着很多林木,多见桦树。除了当地人饲养的牲畜外,野生动物很少。

资源特产:当地主要农产品有小麦、棉花、烟草等。

游览须知:土耳其人使用土耳其语,但大多数商店的店主都会讲些英语、德语甚至意大利语。

Coreme National Park

格雷梅国家公园所在的安纳托利亚高原,是一个生存环境极其恶劣的地方,夏天热得像蒸锅,冬天冷得像冰窖,因此人烟稀少,满目荒芜。假如让你一个人站在如此苍凉的高原上,一种神秘而诡异的氛围会油然而生,不禁让人联想到世界的末日。

然而,就是这样一个不毛之地,如今却成了土耳其最负盛名的旅游胜地,来自世界各地的旅游者不辞长途跋涉之劳,前来一睹拜占庭艺术奇珍。公元4世纪时,基督教传入了土耳其中部高原,公元7世纪时,土耳其的拜占庭帝国被阿拉伯人侵占,土耳其各地的基督徒为了坚守自己的信仰,躲避伊斯兰教徒的迫害,便纷纷逃亡到这片人迹罕至的土地上来。对于基督徒来说,活着是重要的,信仰更重要。他们不能不挖掘栖身的洞穴,更不能不建造修道院和教堂。这个地区缺少建筑材料,但这里的凝灰岩是由火山灰堆积而成的,质地较软,空隙较多,稍微用力即可挖成洞穴。基督徒便利用这个便利条件,在岩石中挖出了一个个朝圣的所在。

在格雷梅山谷中,实际上每一座小尖岩都被挖空了,里面都藏有一所教堂。这样的小教堂至少有1000多座。沿着已遭岁月磨损的石梯,爬进一个又一个洞室里,你会发现洞中的岩石都被巧妙地挖凿成带有穹顶、圆柱和拱门的十字形状,洞壁、穹顶和圆柱上,到处都装饰有美不胜收的壁画,内容混合着表现了民间传说和福音故事。在泽尔弗峡谷两边的悬崖上，凿满了礼拜堂、斋堂、厨房和卧室，就连祭坛、餐桌和家具都是石头制成的。在南部荒凉幽静的伊拉拉谷地，河流两岸 150 米高的崖壁上，密布着小教堂、神龛和修道室，绵延 10 千米。在洞窟中望着这些精致华美的宗教器物，联想到外边那些荒凉贫瘠的山岩，让人不能不对基督徒们的执著而肃然起敬。他们也许没有什么像样的利器，也许连饭都吃不饱，只是靠着信仰力量的支持，硬生生地把人类的智慧和才华镌刻进岩石中，把代表拜占庭艺术精华的奇迹列进了人类历史文化的长廊。

因为地震引起的洞口坍塌，如今的格雷梅国家公园内还有许多修建在山岩、柱石、地下的教堂未能被挖掘出来，但仅仅从现已重见天日的那些建筑来看，就已经足以令人叹为观止了。比如"苹果教堂"，位于直立的岩石上，没有大门，必须通过狭窄的岩棚才可进入。内部天井以拱门支撑，上面绘有圣像画，处处典雅华贵。再比如"黑暗教堂"，因为窗户很小，光线照不进来，绘画不易褪色，里面的壁画至今色泽依然十分鲜艳。

可惜的是，由于风雨的剥蚀和人为的破坏，这里的许多教堂和修道院都已严重残损，不是柱石残缺，就是门窗皆无。就连一般人不敢亵渎的圣像，也几乎都失去了眼球。当地人说，从前出过一种谣言，说的是把圣像的蓝眼珠研成粉末，就可以制成增欲的春药。于是，许多圣像人物的眼珠就被抠掉了。人类智慧的结晶，就这样被少数人的愚昧所扫荡，真是令人唏嘘不已。

如果说格雷梅国家公园内的洞窟是宗教建筑的瑰宝，那么这里的地下城就是人类建筑史上不可思议的奇迹。1963 年，卡帕多西亚高原上的德林库尤村中一

Coreme National Park

卡帕多西亚石窟群

Coreme National Park

个农民掘地时，在自家院子里偶然间发现了一个洞口。望着这个深不可测的像井一样的入口，他说什么也不敢下去。后来，在其他村民的帮助下，他才壮着胆子顺着梯子爬了进去，竟然发现了一处巨大的地下城。

这座地下城规模宏大，共有1200间石头小房子，可以居住1.5万人。它上下共分8层，迂回曲折的走廊又低又窄，人在里面弯腰行走，好似进了蚂蚁窝。城中无所不包，除了居室外，礼拜堂、酿酒坊、牲畜圈、仓库等设施谓应有尽有。城中甚至还有学校，教室中间的讲台及两排课桌都是用原石凿成的。地下城的边缘有一些隧道，直通别的地下城，现在已勘测到的最长隧道达9000米。地下城的通风设施设计得非常完美，中心有通气孔与地面相连，通风道密如蛛网，可以保证地下城中最底层跟最上层的空气一样清新。据勘测，从地面通风口算起，最深的地下通风井竟达86米。

从地下城的构造来看，当初修建者的目的之一应该是防止外面的入侵者进入。地下通道每一层的入口都用一块巨大的石门堵住，这种石门为圆盘形，直径约1.5米，重约两吨，利用杠杆原理推动。石门的石质非常坚硬，并非当地所产的凝灰石，显然是将其作为地下城最坚固的屏障。

时隔两年，同样规模的另一座地下城在凯伊马澈附近被发掘出来，地下有7层，最深处在地下40米，还有一条长10千米的地道连接着这两座地下城。更令人惊异的是，在以后的10年中，陆续发现了63处这样的地下城镇，彼此之间都有地下通道相连。规模之大，简直让人不敢相信。

如此庞大的地下建筑群是什么人修建出来的呢？有人说其建造者是公元4世纪时在中东地区备受打压和追杀的基督徒，有人说是土耳其的先民赫梯人，有人甚至说是新石器时代的原始人。即便这个疑问解决了，接下来还有很多疑问难以搞清。如果说建筑地下城是为了躲避敌人，那么这些建设者完全有能力在地面上修出极为坚固的建筑，让当时的来犯者望而却步。再者，如此宏大的工程，绝非

Coreme National Park

一年半载就可完工，仅仅凿通两城之间一条9000米长的隧道，就要1000个人连续工作10年以上。这不仅需要巨大的人力和大量的工具，更需要精密的整体规划设计和严密的组织工作，而这些是什么人办得到的呢？另外，这里土地贫瘠，水源匮乏，就连树木也难于生长，一座上万人的城市需要多少的粮食，多少饮用水，多少生活必需品，到哪里搞得到呢？

格雷梅国家公园中的地下城是一个难以解答的悬疑，而卡帕多西亚奇石林则是大自然的非凡杰作。格雷梅国家公园的全名叫格雷梅国家公园及卡帕多西亚石窟群，卡帕多西亚是土耳其中部山区的地名，与格雷梅国家公园同在安纳托利亚高原上。从土耳其首都安卡拉出发，先经过格雷梅国家公园，然后就进入了卡帕多西亚地区。

帕多西亚地区南边的埃尔吉亚斯山和哈桑山以前是活火山，岩浆和岩灰冷却凝固后形成了厚厚的一层凝灰岩。在风吹日晒和风霜雨雪的侵蚀之下，凝灰岩松软的部分被剥蚀殆尽，比较坚实的部分残留下来，形成了千姿百态的岩石。既有壁立千仞的悬崖，又有蜿蜒数十里的褶皱，更多的则是像蘑菇、树桩、竹笋、尖塔一样的石笋和石柱，它们组成了一片又一片的“石柱森林”。人们把这些林立的“石头森林”称为“精灵烟囱”。

世界上奇景虽多，但能与卡帕多西亚奇石林相媲美的却是屈指可数，土耳其人骄傲地将其誉为天然景致的王牌，也是土耳其最有吸引力的观光资源。帕多西亚地区有个名叫居里美的小村庄，村庄内外到处都是一眼望不尽的石柱，真是千石嶙峋，万岩峥嵘。有的石柱只有十几米高，有的高达几十米。有的石柱像一根纤细的电线杆，有的则像一座巨大的碉堡。有的石柱头上好似戴着圆圆的帽子，有的头上好像坐着个三角碑。有的石柱呈浅红色、赭色或棕色，有的则呈灰色、土黄色或乳白色。这些奇石的表面都很光洁，随着阳光和云影的变幻能够不断地改变自己的色调。游人来到这里，就仿佛进入了童话世界，任你随意展开想象的翅膀，去揣摩造物主的心思，去感叹造物力量的神妙。

弱肉强食的自然戏剧

演出在那片

充滿野性的高天旷野

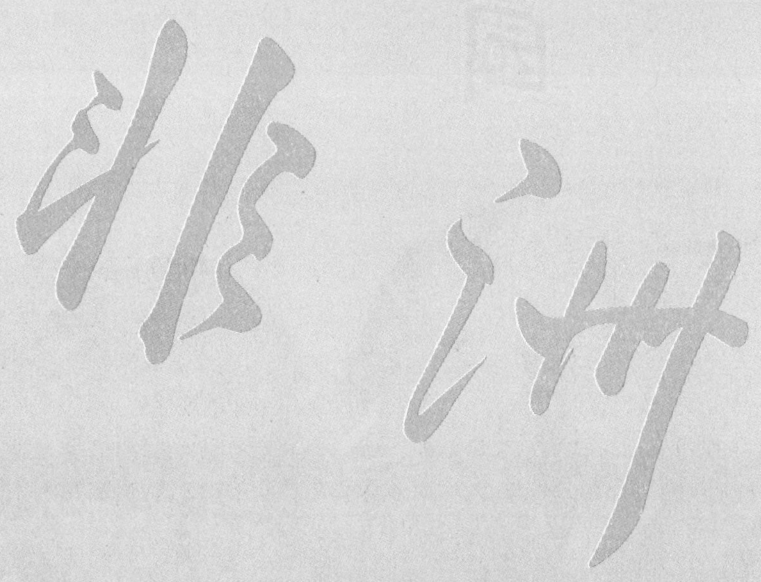

阿伯德尔国家公园

Aberdare National Park

野生动物的大乐园
近距离观赏野生非洲象
英国女王住过的树顶旅馆

Aberdare National Park

地理位置:位于非洲东部肯尼亚中部高原(中央省),距离肯尼亚首都内罗毕95千米,坐落在赤道附近。

自然概况:包括整个阿伯德尔山脉在内,总面积约767平方千米,山脉的东北部耸立着非洲第二高峰肯尼亚山。地表覆盖深厚熔岩层,呈红色,富含有机物。覆盖着森林的东西斜坡被一些深谷分割,同时拥有很多溪流和瀑布。

气候条件:全年大部分时间都有薄雾和雨水,降雨量从西北地区的1000毫米到东南地区的将近3000毫米不等。全年最高气温为摄氏22℃~26℃,最低气温为10℃~14℃。

动植物分布:树木葱茏,多灌木丛。动物成群,有大象、狮子、犀牛、豹子、狒狒、各种猴子、豺狗、羚羊、野牛、水羚羊、野猪以及250多种鸟类。

资源特产:地下有煤炭。当地的旅游纪念品有珠练、皮带、矛、雕刻品及手工编织的工艺品、具有非洲风味的蜡染等。

游览须知:旅游者通常被分为4个人一组,由当地人陪同,乘坐旅游车近距离地参观动物。这些旅游车特别坚固,不必担心遭到动物的袭击,可以随时停下来拍照。但不准随便打开车窗,严禁下车。

肯尼亚号称"野生动物王国",境内有十几个野生动物保护区,而其中最有名的就是阿伯德尔国家公园。

阿伯德尔国家公园将整个阿伯德尔山脉囊括其中,相传这里是"上帝的家园"之一,险峰瀑布,急湍沼泽,处处都显示着上帝的神奇造化。不过,人们来到阿伯德尔国家公园,并不是为了观赏自然美景,而是来近距离地欣赏那些生活在自然状态中的珍禽异兽。身着黑白"条纹衫"的斑马悠然自得地躲藏在草丛中,长颈鹿高高地探出它们长长的脖子,温和的大象在低矮的林丛中悄声走过,公水牛则为争夺疆域进行着惊心动魄的搏击。柔软的麝香猫从树上一跃而下,模样古怪的犀牛焦急地寻找着水源,懒惰的狮子成天躺着不动,但不知何时会发起突然袭击,而躲躲闪闪的羚羊看似轻松自在,却始终忐忑地提防着猛兽的追捕。

在阿伯德尔国家公园欣赏动物有两种方式,一曰动观,二曰静观。所谓动观,就是坐在坚固的旅游车里,奔驰在大草原上,追着动物看。对于人类制造出来的这些古怪的铁家伙,阿伯德尔国家公园中的动物群早已是见惯不惊,根

阿伯德尔教堂

本不会躲避，有的甚至会跟在车后奔跑，好像与车赛跑。漫步的大象，戏水的河马，探首吃树叶的长颈鹿，似乎自重主人的身份，一般不会走上前来打扰游客，却也不会走开，正好让那些携带相机的游客拍个够。如果你想观赏一个大动物群的活动情况，或者是豹子长距离追袭羚羊那类场面，坐在旅游车里会限制住你的视野。于是，近年来动观又出现了新的样式，那就是乘坐气球凭空俯瞰。

所谓静观，那就是住在旅馆里观赏动物。公园中静观动物最有名的地方就是树顶旅馆。它位于公园东部，距离肯尼亚内罗毕 150 千米，建于 1954 年。它是一座高约 21 米的三层建筑，木质结构，搭在数十根粗大的树干上，楼梯围着一棵大树盘旋而上，有的树干直接就做了房柱，但依然枝繁叶茂，有的树干穿越楼板和房顶，继续生长。走廊内树干横七竖八，尽管上面都包着羊皮，但人经过时也要格外小心。旅馆的底层离地约 10 米，野生动物可以自由地穿行其下。为了方便游客观看动物，树顶旅馆的屋顶修成了大大的露台，三楼有个酒吧间，也可以供人凭窗而望。

明明知道这里住着很多人，动物群怎么会主动上门让你观看呢？初次入住树顶旅馆的人，心头都不免产生这样的疑惑，但很快就会释然。原来，旅馆前有一个大水塘，水塘周围是一片盐土沼泽地。每当夜幕降临，动物群就会成群结队地来到水塘边喝水、吃水草、吮舔盐土，还有的动物干脆跳进水塘中玩耍起来，不时发出欢跃的叫声。不知是怎样的约定，来这里喝水舔盐的动物都排好了顺序，一般情况下都是鬣狗首先粉墨登场，接下来是几百只野牛列队而来，再下来是非洲象姗姗而来，随后是犀牛、水鸟等。它们轮番上场，等到吃饱喝足玩够了，才会恋恋不舍地离去。第二天晨曦初露时，动物群又会纷至沓来，再次上演动物狂欢节的精彩好戏，让游客再饱眼福。如此日复一日年复一年，水塘周围的那些盐土让动物群舔得没了味道，树顶旅馆的工作人员就在地上撒盐，以吸引动物群到来。

树顶旅馆的前身建于 1932 年，其主人是定居于肯尼亚的英国退伍军官沃克。为了便于狩猎和观赏动物，他在大树顶上建起了三间卧室、一间餐室和一间狩猎房。1952 年 2 月，英国的伊丽莎白公主与丈夫菲利普公爵兴致勃勃地下榻这里，欣赏野生动物。当天夜里，英王乔治六世突然去世，英国王室当即宣布伊丽莎白公主即位。第二天清晨，公主急忙返回伦敦登基。从此，“树顶”在英国家喻户晓，随之就流传开这样一句话：“上树时还是公主，下树时便成了女王。”1983 年，伊丽莎白女王故地重游，又住到了树上，但已不是当年住过的地方。当年那座树顶旅馆已在一次森林大火中被烧毁，但由于它的名声已经传扬出去，尤其是英国游客，到了肯尼亚后都想在“树顶”住上一宿，人们便在原址的对面重建了一座树顶旅馆。

阿伯德尔国家公园中静观动物还有一个好去处，那就是与树顶旅馆齐名的方舟旅馆。它距离树顶旅馆有好几十千米，悬空建在一个小水潭上，整幢楼分上下两层，全是木质结构，长约 200 米，高 20 余米，头高尾低，微微上翘，烟囱突起，宛如一艘古代的大船。要到这个旅馆去，先得穿过一片密林，然后走过架设在峡谷上的木桥，才能踏上“方舟”的“甲板”。

Aberdare National Park

在方舟旅馆可以观看动物，其主角是野生非洲象。非洲象过着群体生活，因此它们出场总是少则几只，多则几十只，从不落单。非洲象体形庞大，公象重达五六吨，每天要喝掉 135 升水~270 升水，每天用来找寻食物的时间长达 16 个小时。方舟旅馆紧挨岸边的地方有一小块空地，上面挖了一个小水塘，周围撒了一层绯红色的盐末。有了盐和淡水，就不愁吸引不来大象，也包括野猪、狒狒、犀牛等其他动物。旅馆的最底层设有一间观察室，朝着小水塘开了一排瞭望窗口，刚好能把相机镜头伸出去，而近在咫尺的大象如果轻轻一甩鼻子，就能把你的相机打落在地。

在这里近距离地观赏大象，不仅能把它们身上的皱纹看得一清二楚，还能看清它们睫毛上沾着的泥巴。最好看的当数象牙，以一种优美的弧度向上弯曲，最长的象牙弯曲长度达到 3.5 米。正是这美丽给非洲象带来了灾祸，偷猎者猎枪的闷响，结束了它们原本漫长的生命，而索去的不过是牙齿。幸好肯尼亚政府严禁象牙制品买卖，为了表示其决心，肯尼亚人在国家公园里将 20 多吨象牙付之一炬，而不肯拿到市场上出售。

方舟旅馆之名取自《圣经》中记载的传说。相传远古时期地球上曾经发过一场大洪水，希伯莱人的族长诺亚事先得到消息，造了一艘方舟，这才躲过灭顶之灾，也为人类保留下复苏的种子。方舟旅馆就是模拟诺亚方舟而建的。每当山风吹过，掀起阵阵松涛，远远望去，这个旅馆真像一叶扁舟在碧波中飘荡。大自然肆虐时，人类渴望有一艘方舟拯救自己；而当动物遭遇人类的大肆捕杀时，哪里有方舟让它们安身呢？不知道这是不是方舟旅馆建设者的初衷，但这确是阿伯德尔国家公园建设者美好的本意。

Serengeti National Park

塞伦盖蒂国家公园

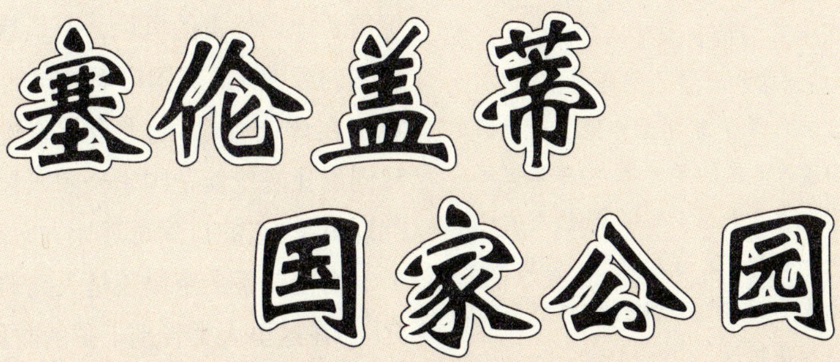

非洲最大的野生动物保护区之一
世界上最大的动物群栖息地
世界上最壮观的动物迁徙场面

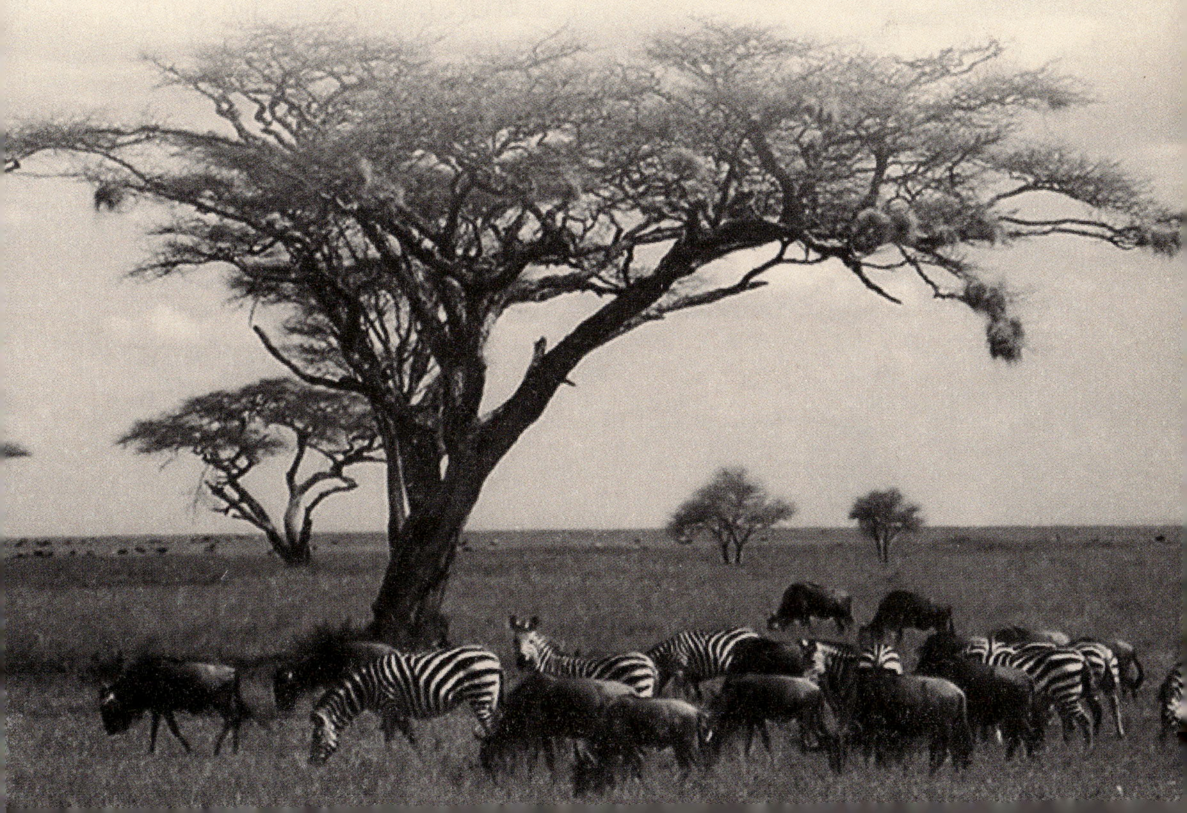

地理位置:位于东非大裂谷以西,坐落在坦桑尼亚国北部的马腊、阿鲁沙、席尼昂加三省境内,距离阿鲁沙130千米,一部分狭长地带向西伸入维多利亚湖达8千米,北部延伸到肯尼亚边境。总面积14763平方千米。

自然概况:隆勒拉山谷的长草平原是公园总部所在地,大部分的旅馆和野营地都集中在这里,这里还集中了全非洲最多的狮子和猎豹。西部走廊是中部塞伦盖蒂地区的延伸带,格鲁米提河从它遍布着陡峭丘陵的平原上蜿蜒流过,河的两岸分布着灌木丛和森林。北部走廊属于偏远地区,从那儿可以通向肯尼亚边境和边界线那头的马赛马拉野生动物保护区。

气候条件属热带雨林气候,年平均气温为20.8℃的,昼夜温差极大。降雨主要集中在11月到第二年的5月,降雨量向东递减,自北向西递增,西部维多利亚湖附近的狭长地带年降雨达950毫米,公园最北端肯尼亚边境附近年降水达1150毫米。

动植物分布:主要植物有马唐和鼠尾粟(盐碱土壤的代表植物)等茅草。在较湿润地区,水蜈蚣属植物生长占优。公园中部为大片金合欢林地草原。动物有牛羚、角马、斑马、羚羊、狮子、斑鬣狗等。

资源特产:野生动物是这里最大也是最宝贵的资源,各种食草动物和食肉动物多达300多万,此外还有500多种鸟类。当地特产有海泡石烟斗等。

游览须知:该公园严格用于野生动物保护和旅游,严格限制人类随意进入。狩猎活动受到禁止。

在非洲草原部落马赛人的土语中,“塞伦盖蒂”就是“永恒之地”的意思。在距今大约3000万年前,地球上出现了这片“草海”,此后一直容颜未改。19世纪时当欧洲人来到这里,见到的是一片时光似乎停止了的土地,还完好地保留着地球远古的风貌,不禁感受到了强烈的震撼。而美国广播公司的6人评审团在评选“世界七大自然奇迹”时,一致同意让塞伦盖蒂国家公园入选,给出的理由是“它的自然奇观让人窒息”。

塞伦盖蒂大草原还是人类的出发点之一,在这里人类告别了猿的时代,散布到世界各地,而同时生活在这里的各种动物群却依然按照自己的方式进化着。不知过了多少年,当人类再度涉足这里时,野生动物变成了汪洋大海,而人类却沦落成渺小的看客。

塞伦盖蒂广袤的大草原的确壮观,但如果没有它养育着的300多万只动物,就会变得死气沉沉。人们来到这里,并不是为了观赏草原如海的景致,而是为了观赏作为这片土地的主人而存在的野生动物。

生活在塞伦盖蒂大草原上的动物分成两大阵营,一多半是以青草、树叶为食的食草动物,一少半是凶猛的食肉动物。在食草动物的阵营中,按数量排列在前五位的是角马150余万只、汤姆森瞪羚50余万只、斑马20余万只、达马鹿2.7余万只、驼鹿1.8余万只。在食肉动物的阵营中,按数量排列在前五位的是狮子2000余只、斑纹鬣狗3500余只、豹1000余只、狼300余只、鬃毛豹220余只。从

数量上来说，食肉动物远远不及食草动物，但食草动物在食肉动物面前只能靠飞奔来逃命，到头来总是有一些成了食肉动物的“点心”。此外还有一个中间阵营，那就是 2700 头非洲象、500 余匹河马，200 余头黑犀牛，它们也吃草，但食肉动物不敢招惹它们。生活在这片草原上的 4000 只长颈鹿也应该划进中间阵营，它们的胆量很小，遇到天敌时撒腿就逃，时速可达 50 千米；跑不掉时，它那铁锤似的巨蹄便成为有力的武器，有时候连狮子也会被它踢死。

食草动物需要在水草丰美的地方生活，而从 7 月份开始，塞伦盖蒂大草原便进入旱季，为了能吃到新鲜的草料，它们便组成了一支浩浩荡荡的大军，有数百万之众，前往千里之外的马赛马拉草原。这支大军就像一个巨大的割草机从草原上隆隆开过，野草转瞬间就被啃个精光，只给草原上留下平均每天 450 吨的粪便。来年的 1 月份，马赛马拉进入旱季，这支大军又会原路返回，重新来到塞伦盖蒂草原。这一年两度的大迁徙以角马走得最远，全程长约 1100 千米，历时近一个月，抄近道的斑马也走了 600 千米的路程，而半途停下来的汤姆森瞪羚只走了 300 千米。世界上最壮观的动物大迁徙就是在这样的背景下发生的，自然界中弱肉强食的一幕也在这个草长天高的大舞台完整地演示出来。为了能亲眼看到这个伟大的自然景观，每年到了动物的迁徙季节，前来塞伦盖蒂国家公园观光的游人都是人满为患。

在塞伦盖蒂草原上进行大范围巡游的动物迁徙大军中，历来充当主力的都是角马，又被称做白胡子牛羚。它们长得很奇怪，头像水牛，尾巴像马，腿则像羚羊，因此被当地人称作“小丑”。它们之所以能在大草原上生生不已，保持着为数上百万的巨大种群，唯一的秘密就是不断地行走移动。倘若这样一个庞大的群体只停留在一个地方，那么很快就会因为吃光食料而灭绝。长途迁徙对于它们来说实属无奈之举。尽管在迁徙中会有 25 万头角马丧生，但这期间会有 30 万头小角马诞生,一个月后,将有一半的小角马因为与父母失散而饿死,或者被天敌吃掉,但对于种群的延续而言,有剩下的一半就足够了。

随着大迁徙的开始,塞伦盖蒂草原上的“盛宴”也就开始了。最早露面的是猎豹。它的奔跑速度可达每小时105千米,是陆地上跑得最快的哺乳动物,腰部很窄,体型优美,不愧为猫科动物的骄傲。在捕猎方式上,猎豹要比其他的猫科动物“光明正大”得多。它不会采取那种“悄悄靠近突袭”的手段,全凭速度追赶猎物。追得上就饱餐一顿,追不上就悻悻而归。大概是因为它不会使用诡计,猎豹尽管奔跑如风,捕捉角马的成功率仅有五成左右。

猎豹在捕杀猎物的过程中展现出了非凡的速度和协调性,但它却是个倒霉蛋,其战利品却往往会被狮子和鬣狗夺去,蜂拥而至的大批饥饿的秃鹫也能把猎豹从它辛苦捕得的猎物旁赶走。狮子号称“百兽之王”,从潜伏到追捕,再到迅猛而准确地咬住猎物的脖子直到其断气,它都能做得和猎豹一样出色,但它却是个懒鬼,宁肯去吃腐肉,或者充当强盗从体重只有50千克的猎豹那里抢东西,也不愿意去捕猎。狮子还喜欢捕食最容易得到的猎物,在一瘸一拐的斑马驹和精力旺盛的种马之间,它必然选择前者。当大群的食草动物从狮子的势力范围经过时,它们再懒惰也会积极行动起来,这不仅因为角马是它们最中意的猎物,更因为一旦这些食草动物离去,它们就会找不到什么吃的,很多幼狮甚至会被饿死。

在漫长的迁徙过程中,角马们的主要敌人除了猎豹和狮子,就是鬣狗了。鬣狗既没有狮子的力量,也没有猎豹的速度,更没有猫科动物的利爪,但它们能够通过群体间的团结协作来增强捕食能力。一群鬣狗大约有80只左右,甚至敢围攻落单的狮子。它们通常选择那些行动不便或年幼的角马们下手,一旦确定目标就紧追不舍,直到猎物筋疲力尽为止,便一拥而上。它们的犬齿和臼齿十分尖利,能够撕开动物死尸的厚皮,不仅是肉,就连骨头也能咬碎吃掉。

鬣狗的外表看起来非常丑陋,再加上它的叫声很可怕,还有着偷偷摸摸的夜行习惯,因此被许多非洲人视为巫婆或者是邪恶的妖精。生活在塞伦盖蒂大草原上的马赛人却不讨厌鬣狗,亲人死后,他们就将其尸体扔到草原上,希望鬣狗能把死者的尸体啃食殆尽,据说这样才能把死者的灵魂送到另一个世界去。

在塞伦盖蒂大草原上的食肉动物阵营中,还有一个特殊的成员,它就是秃鹫。由于时常可以看到成群的秃鹫围着绵羊或小牛的尸体进食,因此有人就得出秃鹫是食肉动物的结论。实际上,秃鹫自己并不捕杀猎物,除非处于极度的饥饿状态下,才会去捕捉弱小的动物为食。它们吃的都是动物的尸体,一部分是其他食肉动物的“残羹剩饭”,而大部分食物来自自然死亡的动物,如因年老、疾病或肢体破损而死的动物和流产的动物幼仔。动物的迁徙大军过后,塞伦盖蒂大草原上陈尸累累,如果没有秃鹫帮忙清理干净,这些尸体很快就会腐烂发臭,疾病势必传播开来。秃鹫啄食动物死尸的场景让人看了不禁毛骨悚然，但它们的功劳却不该抹杀，至于在过去的岁月中，数不尽的秃鹫被人们射杀、诱捕或毒死，那真是动物界中的一桩大冤案。

与食肉动物相比，食草动物群可怜的自卫能力不值一提，但它们绝非不堪一击，如果真是那样的话，食草动物早就被食肉动物吃光了。食草动物要想保护自己不被食肉动物猎杀，一个显而易见的方法就是让自己的体型足够大，身体足够强壮，大象就是运用这种生存技巧的杰出范例。但并非所有的食草动物都能长得像大象一样，假如食草动物群都变成了大象，草就会被吃光。于是，食草动物群就使出了第二招，那就是尽量跑得快，而且快得持久。猎豹虽然跑得快，但它能够全速奔跑的时间只有 15 秒，如果能在这短暂的时间内逃脱，就不会被它吃掉了。如果能在高速奔跑中来个急转弯，那么逃生的机会更会大大增加。另外，食草动物的某些感官相当灵敏，也有助于它们逃生。比如，角马的嗅觉非常敏锐，不仅能闻到捕食者的气味，还能察觉到远方雨水的气味；斑马拥有绝佳的视力，而汤姆森瞪羚听力极好。

成群结队也是食草动物保护自己的一个法宝。遇到狮群或一伙鬣狗，这个团体中注定会有几个成员被拖走，但对于其中的个体来说，就用不着整天提心吊胆了，因为敌人眼中见到的是庞大的一群，而不是孤零零的一个。如果食草动物有思维，也许会这样想：这么多“人”聚在一堆，不会是我最倒霉吧！食草动物群最让人可怜的地方也许就在这里，它们贴近在一起只是为了壮胆而已，彼此之间没有任何情感上的联系，敌人来了便各自逃生去了。据说牛是个例外，它们面对强敌会围成一圈，低下牛头，牛角一致对外，就连狮子也没有办法，只得没趣地溜走。

马赛马拉野生动物保护区

Masai Mara Wildlife Refuge

世界上最大的天然野生动物园

50 个人生必游之地之一

马拉河渡口得名“天国之渡”

Masai Mara Wildlife Refuge

地理位置:位于肯尼亚东南部与坦桑尼亚交界处,距离肯尼亚首都内罗毕西南200多千米,与坦桑尼亚塞伦盖蒂动物保护区相连。从生态系统上来说,它与坦桑尼亚的塞伦盖蒂国家公园是连在一起的,统称为塞伦盖蒂草原。

自然概况:总面积达1800平方千米,遍布沼泽、森林和山丘,马拉河及其支流将它一分为二。

气候条件:属热带草原气候,冬无严寒,夏无酷暑,年平均温度为22℃。全年季节只分为雨季(3月至5月)和小雨季(10月至11月)。雨季期间,白天阳光普照、气候暖和,傍晚才会下雨,对游客并不会造成大的困扰。

动植物分布:河边生长着的茂密的丛林以及热带草原的金合欢植物;动物品种繁多,数量庞大,约有95种哺乳动物和450种鸟类。

资源特产:经过政府批准圈养的野生动物可以宰杀,斑马肉、羚羊肉、鳄鱼肉等都可以摆上当地餐馆的餐桌,很受游人欢迎。

游览须知:游客入园时,每人都会获得一份详细的规定,如不得以任何方式喂养、惊吓动物,不得随便下车,不得进入规定路线以外的地方等。每天都有武装警察值班,分批将游客带到观赏地点,又负责护送返回停车点。

看过电视节目《动物世界》的观众一定会感到惊奇,那么多精彩的镜头是在哪里拍摄到的。现在就来告诉你答案,那个地方就是马赛马拉野生动物保护区。这里的动物既有"非洲五霸"——大象、狮子、犀牛、野水牛、花豹,也有羚羊、斑马、角马、河马、长颈鹿等食草动物,它们在这块土地上自得其乐。

"不去马赛马拉,就等于没到肯尼亚。"尽管这已经成了旅游界的套话,但这并非出于马赛马拉需要对外张扬,它不动声色就被BBC评为"50个人生必游之地",而随后又不知会有多少荣誉不请自落到它的头上。不管马赛马拉魅力有多大,都与人毫无关系,动物是这片大草原的天然主人,它们祖祖辈辈习惯于这里的环境和生活方式,只是让作为观众的人类看了或惊喜莫名,或惊心动魄。

马赛马拉草原上最震撼人心的场面出现在每年的七八月间。随着南部非洲进入干旱的季节,大批食草动物便向温暖的北方迁移。在长途跋涉中,沿途不断有动物加入,最后汇集成一支浩浩荡荡的大队伍。在这支远征大军中,先头部队由大约20万只斑马组成,紧随其后是大约50万只汤姆

森瞪羚，再后边是这支队伍的主力军，大约150万只角马。尾随在这支队伍后边的是狮子、猎豹、鬣狗、野狗等食肉动物，它们虎视眈眈地寻找机会，只要发现掉队的食草动物，就会一拥而上，将其生吞活剥。

在一路上饱受食肉动物的猎杀后，斑马部队率先抵达肯坦边境的马拉河。马拉河从坦桑尼亚起源，一直流到一望无际的马塞马拉大草原上。这条河不宽，河水不深也不算急，但河里却处处暗藏杀机，世界上最大、最为凶残的尼罗鳄，被称为"非洲河王"的河马就潜伏在食草动物群渡河的必经之地。食草动物群如果能侥幸躲过这两大杀手的袭击，渡到河对岸，就进入了水草丰美的"伊甸园"；渡不过去，它们就会进入到另一个"天国"。马拉河的这个渡口得名"天国之渡"，含义就在这里。

斑马开始渡河了！在大迁徙的队伍中，它们的个头比较大，不易被河水淹死，尼罗鳄和河马也轻易咬不住它那滚圆的臀部。而随后渡河的汤姆森瞪羚就没有那么幸运了，它们的个头较小，有很多被河水冲走，或葬身鳄腹。

角马的大部队来了！它们拥有百万之众，一眼望不到尽头，无数的马蹄踩踏着大地，发出雷鸣一般的声响。角马号称"陆地野生动物迁徙之王"，在此之前，它们已经跋涉了上千千米，至少损失掉几十万头同伴，到了马拉河边，已经是饥渴交加。它们似乎知道，眼前这条河就是一个鬼门关，所以在冲到岸边时，一个个突然来个"急刹车"，全都驻足不前。它们在岸边徘徊着、探望着、挤撞着、嘶鸣着，这里的空气似乎变得凝固了。

过了几十分钟后，一头尚未成年的角马可能是耐不住口渴，从角马群中挤出来，走向河边。它俯下头去刚想喝水，一条4米多长的鳄鱼猛地从稀泥里窜出来，一口咬住了它的脖子。它四蹄胡乱地蹬了几下，就咽气了。

这血淋淋的场面并没有激起角马群恐惧的反应，仿佛对这样的场景习以为常，大群的角马反倒发出强劲的咆哮声。一头角马高高跃起，跳进了河中，其他角马紧跟着跳进来，马拉河中顿时水花冲天，浪涛翻滚，世界上最为壮观的野生动物大渡河正式开始了。

到了这种时候，尼罗鳄也就用不着躲躲藏藏了，索性大开杀戒。它们张开血盆大口，露出了两排钢锯一般的牙齿，飞快地咬住身边的角马，拖入水里把它淹死。它们并不急着食用，而是不停地出击，一直到用尽了力气，才会退到一边，扑到死去的角马身上撕咬起来。

角马群知道它们已经没有退路了，再大的牺牲也在所不惜，渡河的角马越来越多，好像要把马拉河拦腰截断。尽管尼罗鳄无比凶残，但毕竟数量有限，再也没有力量阻止角马大军渡河了。

角马群摆脱了尼罗鳄的围捕，渐渐游到了河中央。这一带河水湍急，一些体力不支的角马被冲走了，那些受伤的角马则被激流卷到河底，而活着的角马立刻要面对另一个可怕的敌人，它们就是盘踞在马拉河中央的河马。这里的河马体形庞大，成年河马每头都有 4 米多长，体重达 2500 千克，简直就像一辆辆水中坦克。它们张开大嘴将角马拦腰咬住，不费吹灰之力就能抛到空中，角马即便没被咬死，也会被摔死、淹死，马拉河水再次被角马的鲜血染红了。幸好河马要比尼罗鳄笨拙一些，趁着一些角马成为牺牲品，其他角马迅速地游过这个危险地带。

就这样一连几天，上百万的角马才渡河完毕。马拉河恢复了平静，只是河面上漂浮着几匹角马的尸体。角马群在马赛马拉生活几个月后，还要原路返回，再

次渡过马拉河，回到遥远的塞伦盖蒂大草原。那时候，它们还要以无数的生命为代价，冲破马拉河中的尼罗鳄和河马的层层堵截。

站在马拉河畔目睹角马过河的惨烈场面，人们在震惊之余往往会有几分伤感。只有招架之功的食草动物让人同情，但是若失去了天敌，它们的种群会惊人地膨胀，那将给大草原带来灭顶之灾。你能责怪食肉动物太残忍了吗？它们为了果腹才去搏斗，一旦失去了猎食能力，像狮子、猎豹这样的动物只有饿死。这就是动物世界里的适者生存，物竞天择，也是动物世界里的正常秩序，不需要人类来操心。

在马赛马拉野生动物保护区里除了动物外，还生活着马赛人。在当地语言中，“马赛马拉”的意思就是“马赛人林木稀疏的草原”。让人略感意外的是，居住在马赛马拉大草原上的马赛人并不以打猎为生，也从来不吃野生动物。由于长年与野生动物共生共存，马赛人同那些温和的食草动物之间似乎形成了某种默契。马赛人在那边放牧牛羊，孩子在一旁玩耍，大群的羚羊、斑马、角马就在附近悠闲地散步。马赛人对于猛兽也从不畏惧，只是注意防身，所以总是随身携带一根一端安着尖利铁头的棒子，看上去就像古代的长矛。人们常说动物是人类的朋友，那么人类究竟应该怎样对待动物呢？到马赛人中也许能找到这个问题的答案。

Lake Nakuru National Park

纳库鲁湖国家公园

世界最大的鸟类栖息地之一
号称“火烈鸟的天堂”
园中有“世界禽鸟王国”中的绝景

Lake Nakuru National Park

地理位置:位于肯尼亚首都内罗毕西北150千米处,坐落在裂谷省纳库鲁镇的南部。

自然概况:占地188平方千米,海拔1753米~2073米。园内的纳库鲁湖是一个含碱度极高的浅湖泊,面积为62平方千米。

气候特点:属热带草原气候,年平均温度在22℃左右。年降水量为965毫米。

动植物分布:公园内有450种鸟类,最著名的是火烈鸟。其他的野生动物有长颈鹿、狮子、野牛、羚羊、斑马、鬣狗、疣猴、狒狒、狐狸等,还有非常稀有的黑犀牛和白犀牛。

资源特产:当地旅游产品有咖啡、红茶、木雕、石雕、手工编织品及各类绘画等。

游览须知:公园内备有足够并保养得很好的机动车辆,可以载着游人到达园中的所有角落。

Lake Nakuru National Park

Lake Nakuru National Park

来到肯尼亚，如果不去纳库鲁湖，那将是一件终生憾事。纳库鲁湖面积不大，只有62平方千米，湖水也不深，但这里气候温和，修长的湖面水平如镜，水草茂密，栖息着450多种珍禽，数量有几百万只，成为世界上最大的鸟类聚居地。湖上聚集着成群的火烈鸟，湖边的密林中居住着褐鹰、长冠鹰等食肉鸟，也有滨鹬、矶鹞等候鸟，还有杜鹃、翠鸟、欧椋鸟、太阳鸟等。整个纳库鲁湖国家公园就是一个各色各样鸟类的乐园，每年都有许多鸟类学家从世界各国前来这里考察研究。

纳库鲁湖国家公园中数量最多的鸟儿就是火烈鸟，最多时可达200万只，占世界火烈鸟总数的三分之一。

火烈鸟又叫红鹳、红鹤，长腿、长颈、巨喙，很像白鹤，但全身羽毛呈淡粉红色，两翼两足色调稍深。火烈鸟吃东西的方式很奇特，常常扭动着蛇一般的脖子，把头倒转过来。它的嘴巴的上一半好像铰链一般，能够自由活动，里面长着栅栏一样的东西。它的咽喉像个唧筒，能够不断地将水和泥从栅栏间过滤出去，好吃的东西就留在嘴里了。

火烈鸟最令人瞩目的地方就是它那周身粉红的颜色，特别是它翅膀根部的羽毛，光泽闪亮，远远看去，就像一团熊熊燃烧的烈火。尤其是一大群火烈鸟聚集在一起，绵延数千米，远远望去，一片红色，美丽极了。而据科学家的研究发现，纳库鲁湖的火烈鸟并不是一生下来就是红色的，而是后来变红的。纳库鲁湖及其附近的几个小湖，地处东非大裂谷谷底，它的周围有大量流水注入，却没有一个出水口。长年累月的流水带来了大量熔岩土，造成湖水中盐碱质沉积。这种盐碱质和赤道线上的强烈阳光，为蓝绿海藻和硅藻类的孳生提供了良好的条件，而那些暗绿色的水藻便成了火烈鸟赖以为生的主要食物。一只火烈鸟每天约吸食 250 克水藻，这些水藻中含有大量蛋白质，还含有一种叶红素，经过消化系统的作用，就会产生出一种使羽毛变红的物质。水藻吃得越多，火烈鸟的羽毛就变得越红。

火烈鸟对水情有独钟，总是挑选三面环水的半岛筑巢而居，巢是用潮湿的泥灰一层层堆叠起来。不过火烈鸟十分性急，常常等不到泥干，就搬到新居去了。

火烈鸟还喜欢群居，一群往往有几万只，甚至几十万只。还没有走近纳库鲁湖，远远便可以看到湖面上泛着一片淡红，好像天上的彩云飘落湖中。来到湖边，只听湖面上一片喧闹，火烈鸟咕噜咕噜的声音响个不停，有的在嬉戏，有的在觅食。一时兴起，它们就会舒展双翅，摇动长颈，列成方阵，翩然起舞。每当此时，纳库鲁湖上就是一片水光鸟影，交相辉映，好像万树桃花在水中漂游。纳库鲁湖被誉为“世界上最艳丽的湖泊”，就是由此而来。跳完舞后，它们又会腾空而起，排成整齐的队伍，绕着水面翻飞，好像一片彩霞。这一奇幻的景色，被人们誉为“世界禽鸟王国中的绝景”。

火烈鸟为什么喜欢集体跳舞呢？科学家至今还未能做出合理的解释。有人猜测说，火烈鸟的体内蕴含着无穷的精力，跳舞与腾空，不过是将过剩的精力发泄出去而已。而在当地人的心目中，火烈鸟是神鸟，“精通人性”，所以才能跳出那么整齐而优美的舞蹈。也有人推测，这只是群居动物的一种常见反应。一只火烈鸟飞上天空，就会有一大群紧紧跟随，在很多情况下，最后起飞的火烈鸟根本不知道发生了什么事。

对于火烈鸟以及其他鸟类来说，纳库鲁湖称得上天堂。早在 1960 年，这里就

被划定为鸟类保护区，随后又在1963年被正式指定为国家公园，专门保护鸟类。当人与鸟实现了和谐相处的时候，鸟儿的天堂也就成了人类的仙境，每年都有大批游客从世界各地来到纳库鲁湖这个“观鸟天堂”大饱眼福。走近纳库鲁湖，当火烈鸟一齐振翅飞向天际，天空就被一片片粉红色翅膀交织成的“幕布”所掩盖，变成一片让人永生难忘的粉红色泽。而站在山顶上遥望纳库鲁湖，阳光下的湖面湛蓝湛蓝的，成群的火烈鸟仿佛铺撒在这块蓝布上的粉色星星，实在是美不胜收。

对于纳库鲁湖区的保护，肯尼亚人功不可没，还制定了好多保护细则。来到湖边白色的盐碱地上，你会看到地面上铺着厚厚的一层羽毛，信手拾起几片，都及尺长，也许是鸟儿们嬉戏打闹失落的。公园规定，这里的一切都不允许带出去。不光是羽毛，湖面上还有不少死鸟，也没有人去动，正好成为秃鹫和非洲秃鹳的食物。

然而，对自然界的保护只是从局部着手还是不够的。2006年7月至9月间，附近纳库鲁镇排放的有毒物质沿河流进入纳库鲁湖，污染了湖水，结果造成3万多只火烈鸟死亡。除了污染的威胁外，近年来由于河流补水量的不断减少，纳库鲁湖的面积持续缩小，这也危及到了火烈鸟以及其他鸟类的生存。

纳库鲁湖不光是鸟类的天堂，这里还栖息着很多热带动物，其中最为罕见的是白犀牛和黑犀牛。黑白犀牛的主要分别是在嘴巴上，黑犀牛吃树叶，嘴巴成“V”型；白犀牛吃草，嘴巴是半圆形的，而且白犀牛体形稍大些。黑犀牛不合群，常常是孤零零的一头走过去，而白犀牛却是其乐融融的一家三口游来荡去。犀牛的肉不好吃，皮无甚大用，但犀牛角十分珍贵，这就给它带来了灭顶之灾。在纳库鲁纳湖国家公园里，能够同时看到黑白两种犀牛，这景象应该与成群的火烈鸟一样让人惊叹不已。

Great Rift Valley

东非大裂谷

世界上最大的裂谷带
被称为"地球脸上最大的伤疤"
世界古人类最早的发祥地之一

一提起东非大裂谷，出现在很多人脑海中的便是一条深不见底的大峡谷，非常狭窄，两边悬崖壁立。其实，这道裂谷非常宽，最宽的地方达200多千米。站在谷中放眼望去，谷底相当开阔坦荡，有农田，有房屋，有行人，有汽车。沿着谷底的高速公路前行，还能碰到不少村寨和城镇。薄铁皮做屋顶的房舍掩映在香蕉林中，头顶盛水葫芦的女人进进出出，露天市场上各种商品琳琅满目，小贩向游人卖力地兜售着木雕和色彩鲜艳的编织物。如果不是竖在谷边那些大牌子的提示，简直让人不敢相信已经置身在东非大裂谷中。

当然，东非大裂谷的深邃是不容置疑的，只是过分的宽阔蒙蔽了人们的视觉。只有从飞机的舷窗向下俯视，才能看到地面上有一条硕大的"刀痕"。如果你知道这条大裂谷的长度相当于地球周长的六分之一，就更会惊叹于它的宏伟壮丽。

如果你想近距离地观赏大裂谷的风貌，最好到肯尼亚去。大裂谷在肯尼亚境内有800千米长，是整个大裂谷中最具地貌特征的一段。两侧断崖陡峻，好似筑起两道高墙，谷深达几百米，最高处达2000米，高差异常悬殊。肯尼亚的首都内罗毕就坐落在裂谷南端的"东墙"上。大裂谷纵贯肯尼亚南北，恰好与横穿全国的赤道相交叉，因此肯尼亚获得了一个十分有趣的别名：东非十字架。

从内罗毕向西北方向行驶60多

地理位置：又称东非大地堑，纵贯东非高原和埃塞俄比亚高原，全长6000多千米，平均宽度为48.65千米。南起赞比西河口以南，到马拉维北端分为两支，东支长5000千米，经坦桑尼亚的埃亚西湖、纳特龙湖等，连接肯尼亚北部的图尔卡纳湖，再纵穿埃塞俄比亚高原的阿巴亚湖、兹怀湖等，抵达红海，一直延伸至约旦地沟；西支长1700千米，经坦噶尼喀湖、基伍湖、爱德华湖、蒙博托湖直到艾伯特尼罗河谷地。

自然概况：裂谷带两侧陡峭，底部平坦，多狭长深邃的断层湖。沿线多高大的火山，这里还是地震多发地段。

气候条件：大体属热带季风气候，由于处在非洲地势最高的地方，气候温和凉爽，雨量充沛，全年最高气温为22℃~26℃，最低为10℃~14℃。

动植物分布：湖区水量丰富，土地肥沃，植被茂盛，野生动物众多，大象、河马、非洲狮、犀牛、羚羊、狐狼、红鹤、秃鹫等都在这里栖息。

资源特产：盛产茶叶、咖啡、水果、除虫菊、俞麻等。在这里，咖啡豆一年可以采摘两次，茶叶一年内有9个多月可以每半个月采摘一次，除虫菊全年中可以每10天至14天采摘一次，而俞麻成熟后天天可以收割。

游览须知：防晒油、润滑油、太阳帽、太阳镜都是必不可少的。在阿法地区要特别小心，阿法部族的男子如果认为你的一些无意的举动是在冒犯他，就可能会向你开枪。

Great Rift Valley

千米，就来到了东非大裂谷的制高点之一——海拔 2600 米的利穆卢观景台。为了让游人能够见识到这条大裂谷的风采，当地人在裂谷的边缘建起了很多观景台，除了利穆卢观景台外，还有海拔约 2000 米的基奈尼观景台、海拔 2776 米的基南卡蒲观景台等。站在吱吱作响临崖而建的木制观景台上，自然要比站在谷底视野开阔多了，茂密的原始森林覆盖着连绵的群峰，山坡上长满了热带植物。开阔坦荡的谷底林木葱茏，生机盎然，远处火山巍峨，湖水波光粼粼，谷底上方似乎还笼着一层薄薄的烟雾，映上了隐隐约约的人影。尽管景色如此壮美，人们还是略有失望之感，那刀砍斧削般的岩壁哪里去了？或许这只能怪人类自己的错觉，就好像来到珠穆朗玛峰近前一样，反倒看不出它那种高耸入云的气势了。

站在大裂谷崖边望去，最壮观的景色不是大裂谷的两壁，而是坐落在广阔的平原上那一座座巨大的圆锥形火山。大裂谷中有许多火山，有死火山也有活火山，光大裂谷西支就有 80 多座火山，其中 30 座是活火山。位于基伍湖以北的尼腊贡戈火山就是一座非常活跃的活火山，海拔 3700 米。在最近的 100 多年间，它曾经喷发过多次，每次喷发总要流出大量炽热的岩浆，沿着山坡流得很远，把漫山遍野的森林烧个精光。尽管近年来它停止了喷发，但它的上空终年笼罩着浓烟，方圆几十里内都能闻到刺鼻的硫黄气味。晚上望去，山顶就像节日里放焰火那样，放射出耀眼的光芒。

尼腊贡戈火山口的样子很像一口巨大的锅，从锅沿到锅底有好几百米深。四周是圆形的陡壁悬崖，悬崖下面是一个充满高温熔岩的岩浆湖，湖中岩浆红如钢水，时而热浪翻滚，火光冲

隆戈诺特火山

天，时而轰鸣大作，响彻云霄，可谓世上少有的奇观。

多少年来，人们一批又一批地攀上尼腊贡戈山，站在火山口边沿向下俯瞰岩浆湖那壮丽而又神秘的奇景，可是很少有人敢爬下悬崖，到岩浆湖边看个究竟。1948 年和 1953 年，一位意大利的探险家冒着生命危险，两次走近这个地下“魔窟”，终于弄清了它的真面目。原来，这片稀奇的岩浆湖是由含二氧化硅成分最少的岩浆组成的，这种岩浆特别稀，不容易凝固。但它并不是一天到晚总是翻滚沸腾，也有平静的时候。这时，火红的岩浆表面会渐渐冷却，结上一层厚厚的黑壳。过不了多久，湖面上就开始喷涌出火红的岩浆，很快就掀开表面的硬壳，腾起浓密的烟雾，响起隆隆的吼声，整个岩浆湖又变成了一炉熔化的“铁水”。

除了尼腊贡戈火山外，东非大裂谷一线著名的火山还有梅鲁火山、奥杜罗格火山、伦盖火山等。位于坦桑尼亚境内的梅鲁火山曾于 1953 年爆发过，海拔 4500 米，为非洲第五高峰，虽然已经失去了往日的雄风，但它那完美的火山锥仍然具有魅力。奥杜罗格火山被誉为上帝创造的圣山，是东非大裂谷地区风景秀美的火山之一，也是世界上唯一的苏打碳酸岩类的活火山。站在火山口，游客们可以尽情地欣赏东非大裂谷的日出和日落。被马赛人视为“神山”的伦盖火山海拔只有 2700 多米，但至今仍很活跃，火山口深处滚烫的熔岩随时可能喷涌而出。伦盖火山上一次的猛烈喷发大约发生在 40 年前，令人窒息的火山灰几乎扼杀了周围的一切生灵。

东非大裂谷还有一大美景就是这里的湖泊。它是一座巨型的天然蓄水池，非洲大部分湖泊都集中在这里，大大小小约有 30 多个。它们呈长条状展开，顺着裂谷带一字排开，宛如一串晶莹的珍珠。

有山有水的大裂谷成了野生动物群的伊甸园。慵懒的河马、大嘴巴的鹈鹕、成群的鹳鸟、尽情嬉戏的疣猴和青猴，全都无忧无虑地生活在这片食物丰富的土地上。在隆戈诺特火山附近有一个名叫“地狱之门”的国家公园，方圆 68 平方千米，很久以前这里是奈瓦沙湖的一个出口，但早已干涸，现在成了肯尼亚唯一一个可以离开车辆徒步旅行的国家公园。来到这里，人们可以随意观赏野生动物。一进公园大门，就可以看到斑马、羚羊和长颈鹿等动物在悠闲地吃草，路边还不时有狒狒跳出来向游人做着鬼脸。所谓“地狱之门”，指的是这里有一个地缝，顺着石阶可以一步步地走到幽黑的谷底，并不恐怖。钻过一道石缝，眼前豁然开朗，河岸上花草茂盛，百鸟争鸣，这哪里是地狱，分明就是人间天堂。

作为世界上最大的断层陷落带，纵贯东部非洲的大裂谷称得上一部内容丰富的地质百科全书。大约在3000多万年前，在地幔物质上升流的作用下，东非地壳逐渐抬升并形成高原，上升流向两侧相反方向的分散作用使地壳脆弱的部分出现张裂、断陷，成为裂谷带。张裂的平均速度为每年2厘米~4厘米，这一作用至今仍在持续不断地进行中。

“我看到从前是牢固的陆地，现在变成了汪洋。”公元1世纪时，一位古罗马诗人曾如此描述过造陆运动的景象，把这诗句换成中国成语，那便是“沧海桑田”。这带有传奇性质的变化，最有可能在东非大裂谷变成事实。据有关地理学家预言，不出几百万年，非洲大陆就会沿着大裂谷断裂成两个大陆板块，素有“非洲之角”之称的索马里半岛将漂离非洲大陆，红海则会变成一个新的大洋。届时，地理教科书将不得不把四大洋七大洲改写成五大洋八大洲。如今的大裂谷已经宛如鬼斧神工，但将来的景致必定会比现在更加奇伟，更加难以想象。

奈瓦沙湖

神奇的东非大裂谷还是人类这个物种最初的诞生地。1974年，由美国古人类学家约翰逊领导的多国考察队，在埃塞俄比亚的阿法地区发现了一具雌性南方古猿的遗骸，被称为“露西少女”，其生存年代超过300万年。后来，又有人在距离“露西少女”出土地点不过4千米的地方，发现了一具幼年雌猿的化石，被称做“露西的孩子”。古人类学家普遍认为，大约在500万年~12万年前，东非地区的气候突然变冷，大片的热带雨林消失了，这就迫使人类的远祖——南方古猿从树上下到开阔的大草原，从四肢攀援到练习用两足行走，渐渐地古猿就脱掉了身上的兽毛，最后变成了人，然后沿着这条“大路”走出非洲，走向世界。

随着古猿化石的发现，地处偏僻的阿法地方闻名于世。这里是一片不毛之地，干涸的土地一望无际，偶尔有三五户人家，那是还过着古老原始生活的阿法人。他们非常贫穷，住的是用树枝和石头堆砌的窝棚，身上只有简单的头饰和遮羞布。阿法人男子们一个个非常彪悍，几乎每人手里都拿着一把AK—47冲锋枪，似乎对外人很不友好，但不能说他们粗蛮，因为他们的文明与现代文明还没有接轨。

内罗毕清真寺

Lake Malawi National Park

马拉维湖国家公园

世界第四深湖
非洲第三大淡水湖
世界上第一个淡水国家公园

马拉维湖是一个断层陷落湖，大约形成于100万年前~200万年前，湖中几乎所有的岩石岛屿都互不相连。它旧称尼亚萨湖，来源于班图语，意为“大水”或“湖泊”，1965年改为现在的名称。“马拉维”在当地尼昂加语中是“火焰”的意思，原指金色的太阳照射在湖面上，湖水泛起一片火焰般耀眼的光芒，用它做国家和湖泊的名称，意为在美丽富饶的国土上有一个火焰般闪光的湖泊。

马拉维湖的景色无愧于它的名字。它的东面有利文斯敦山，西面有维皮亚山地，青翠挺拔的山峰相对耸立在狭长的湖面两岸，湖水好似浮悬在半空之中的一块蓝色明镜。深入湖区，仰望绝壁险峰，只见瀑布奔泻，银线飞舞；遥望湖湾水域，微波细浪，茫茫无涯。特别是北部湖区，风光旖旎，集多种佳景于一身，被誉为中南非洲最壮丽的湖光山色，历来是非洲游览胜地。

马拉维湖景色虽然美丽，但在历史上却是黑人的“伤心湖”。1616年，葡萄牙探

Lake Malawi National Park

地理位置:马拉维湖坐落在东非大裂谷的南端,湖区大部分水域位于马拉维共和国境内,东部和北部一小部分属于坦桑尼亚和莫桑比克。马拉维湖国家公园位于马拉维湖最南端。

自然概况:马拉维湖南北长560千米,东西宽24千米~80千米,面积3.08万平方千米,平均水深273米,北端最深处达706米,湖面海拔472米。四周14条常年有水的河流注入湖中,其中以鲁胡胡河水量最大,湖水向南流经希雷河同赞比西河相连。马拉维湖国家公园正式建立于1980年11月24日,占地面积9400公顷。

气候条件:属热带草原气候,气候温和,雨量充足,年平均温度为26℃,年均降水量约980毫米。

动植物分布:湖中栖息着10个科的500多种鱼,其中最著名的是丽鱼科鱼类。公园里的岛屿是白胸鸬鹚的重要栖息地。哺乳动物有河马、豹、弯角羚、黑斑羚、潜水羚羊、大狒狒、绿长尾猴和大河猪等。主要树种有猴面包树、榕树、梧桐树等。

资源特产:湖滨地带广泛种植水稻、玉米等粮食作物,烟叶驰名世界。当地特产还有马康迪人用珍贵的黑木雕刻成的木勺、木匙、木梳、各种容器以及挂衣钩等。

游览须知:目前尚无旅游设施,最近的旅馆也远在150千米以外。当地政府正计划在公园内建造一批小型旅馆。

Lake Malawi National Park

险家加斯帕尔·博卡罗来到湖畔,成为第一个发现马拉维湖的西方人。1859年,英国探险家大卫·利文斯敦来到这里,亲眼目睹了西方殖民主义者通过马拉维湖从事奴隶买卖的罪恶行经。很多黑人不愿离开自己的故土,勇敢地进行挣扎反抗,有的人纵身跳入湖中,以死来表示抗议,有的人则被殖民刽子手杀害后抛尸湖心。那时的马拉维湖成了历史的见证人,见证了非洲人民的辛酸和苦难,滔滔的湖水中浸满了黑人奴隶的血和泪。

马拉维于1964年获得独立后,生活在马拉维湖沿岸的非洲土著黑人也赢得了尊严,日子越过越富裕,而这首先要感谢马拉维湖慷慨的赐予。居住在马拉维湖东部莫桑比克境内的马康迪人,利用所在地区河网众多,雨水充足,土质肥沃的优势,精心耕作,成为非洲地区比较富足的一个民族。尽管城市化之风在非洲很盛行,但马康迪族中却很少有人离开自己的故土到城市去谋生。在马康迪人看来,一个有出息的男子就应该是一个种地的好手;一个人的本事是大是小,就看他在收获季节能收获多少农作物。就连这个民族的名称也有趣的反映了这一点。在斯瓦希里语中,“马康迪”意为“大片的耕地”,马康迪人就是种植着大片土地的人。马康迪人的妇女还喜欢在嘴唇上穿一个小孔,挂上一连串金属或木制的坠子，所以这个民族又常被称为“唇戴坠子的人”。

马拉维湖地区生态环境多样，有岩石湖岸、沙滩、林木葱茏的丘陵，也有沼泽地和泻湖，有的地方利于耕种，而有的地方土壤贫瘠且易受腐蚀，庄稼的成活率很低。马拉维湖国家公园湖滨一带的土地就不适合种庄稼，而这里坐落着5个村庄，居民上万，他们便“靠湖吃湖”，来到湖上以捕鱼为生，照样生活得有滋有味。

马拉维湖水面广阔，渔业资源丰富，在世界上所有的湖水中，它所拥有的鱼类品种数量首屈一指，比墨西哥、美国和加拿大三国湖泊中鱼种的总和还要多。生物学家们把这里称为世界上研究脊椎动物的最好场所，又当成了难得的天然实验室。当年马拉维政府在这里建起了非洲独一无二的天然湖公园，就是为了更好地保护这个“鱼世界”。

据统计，马拉维湖中有500多种鱼，其中绝大部分是其他国家所稀有的鱼种。渔民们驾起独木舟，捕获肥硕的非洲鲫鱼，而湖中既有经济价值又具欣赏价值的却是名目繁多的热带鱼，在国际市场上大受欢迎。潜入碧蓝的马拉维湖，你就置身于一个生动多彩的世界里，鱼儿们成群结队地从你身边游过，有的身上带着紫色或青色的条纹，有的身上带着橘黄色或蓝色的斑点，有的通体如绿色的宝石，有的仿佛散射着奇异的蓝光，令人目不暇接。

马拉维湖中最有名的鱼类是丽鱼。这种鱼大的重千克，小的只有几克，生活在湖底。当成熟的雄性丽鱼有了属于自己的一块岩石后，就用嘴衔沙筑起自己

Lake Malawi National Park

的沙堡，生物学家曾在湖底发现了一座由许多大小不同的沙堡组成的“丽鱼都市”，长达 4 千米，聚集着 5 万多尾丽鱼。沙堡建成后，它们便开始择偶婚配。在此期间，雄性丽鱼各自严守门户，绝不容许“他人”涉足。交配以后，丽鱼爸爸一身轻松，丽鱼妈妈则把鱼卵含在嘴里，直到孵成小鱼，并把它们带大。小丽鱼都是在妈妈的嘴里长大的，一条雌性丽鱼的嘴里能容得下近 20 条小丽鱼。马拉维湖中还有一种非常有趣的丽鱼，它们习惯于成双成对地寓居在蜗牛壳中。假如雄鱼不幸死掉了，雌鱼就会自动变成雄鱼。

马拉维湖还是当今世界上一个特别奇异的湖泊。上午 9 时左右，泱泱湖水就开始消退，直至水位下降到 6 米多才中止；大约“休息”了 2 个小时左右，湖水继续消失，直至出现浅滩才渐渐停息。4 个小时后，退走的湖水“卷土重来”，马拉维湖又逐渐恢复了原有的丰盈姿容。下午 7 时，湖水开始骚动起来，只见水位不断上升，直至洪流漫溢，倾泻八方。大约 2 个小时后，湖面才变得风平浪静。

马拉维湖的水位消长并无一定规律，有时一天一度，有时数日一回，有时又数周一次，但每次都是上午 9 时左右开始“故伎重演”，前后持续约 12 个小时。

这种奇特的现象引起了各国地理学家的兴趣，纷纷前来探究，但至今仍未揭开谜底。有人猜测，马拉维湖湖水的涨退现象更接近于海水的潮汐现象，因此它们的原因也应该是相同的，即都是由于太阳或月亮的吸引力而造成了水位的涨落。但这一观点很快就被推翻了，与马拉维湖相距很近的鲁夸湖和奇尔瓦湖同样接受日月之光，为什么没有发生这种怪现象呢？

法国的一位地质学家推测，马拉维湖的下面可能隐藏着一个地下湖泊，与地面湖泊形成连环湖，由于某种自然原因的作用，湖水时而泻入地下，时而涌出地面。为了证实这一推测，意大利的一支地质考察队专门对马拉维湖底进行了广泛的勘察，但调查结果却证明这种设想根本不能成立。

Cape of Good Hope Nature Reserve

好望角自然保护区

非洲大陆最西南端
曾被海上探险家们视为畏途
南非最著名的旅游景点之一

Cape of Good Hope Nature Reserve

地理位置:非洲大陆西南端的著名岬角,北距开普敦 48 千米,西濒大西洋,东面为福尔斯湾,北连开普半岛。地处大西洋和印度洋相会之处,苏伊士运河未开通之前,这里是欧洲通往亚洲的海上必经之路。

自然概况:总面积达 7750 公顷,区内海岸线长近 40 千米,有 100 多处海滩,被誉为世界上最美丽的景点之一。由西向东分成三个部分,即好望角、麦克莱尔角和开普角。

气候条件:属地中海型气候,夏天炎热,冬季多雨。1 月份平均最高气温为 26.1℃,8 月份平均最低气温为 7.5℃。年均降水量在 510 毫米左右。

动植物分布:到处是低矮的灌木和野花,其中最有名的是高原凡波斯花和被誉为南非国花的“帝王花”。这里还栖息着狒狒、鸵鸟、羚羊、斑马等野生动物。

资源特产:当地特产有彩绘鸵鸟蛋、鳄鱼或大象皮饰、黑木雕刻以及闻名世界的开普敦葡萄酒。附近海域中盛产龙虾,这里的龙虾大餐很有名。

游览须知:除旅游车外禁止其他车辆入内。这里的邮局负责为游客的风景明信片加盖好望角纪念邮戳并代为寄出。

Cape of Good Hope Nature Reserve

离开南非的立法首都开普敦,驱车不到一个小时就进入了好望角自然保护区。放眼望去,地面与天际一样的开阔,贫瘠的沙土上野生着一丛丛低矮的灌木和一蓬蓬色彩鲜艳的野花,随着咸咸的海风起伏而招摇。在这块原始荒凉的地方,动物群似乎生活得有滋有味,旋角大羚羊跳来跃去,狒狒拖家带口地奔波,却不急不忙。在大西洋边红色的卵石滩上,还能见到瞪着乌溜溜黑眼珠的鸵鸟,别看它们的模样有几分可爱,却接近不得,一个冷不防它就会一个“飞脚”把你踢伤。

每年 9 月份,好望角自然保护区就变成了花的海洋,万紫千红,绚丽多彩。然而,保护区中的景色再美也无法让人流连,因为凡是到这里来的人,都怀着一个同样的心思,那就是亲眼看一看名闻天下的好望角。

好望角在保护区的西南端,它是一个岬角,如同伸入大西洋中的巨大鳄鱼爪。它由坚硬的花岗岩构成,亿万年来的海浪冲刷使这里形成了许多洞穴,其中一个竟深达 61 米,直径为 12 米,海水在嶙峋的乱石丛中往来冲激,迸溅起巨大的浪花，发出天崩地裂般的巨响，那气势足以让每个人驻足观赏。临海处的乱石堆中矗立着一个混凝土平台，上面镶嵌着一块古铜色的铭牌，用英文和阿非利加文标明：好望角/非洲大陆最西南端/南纬 34°21′26″/东经 18°28′26″。

不过，观看好望角的最佳位置是与好望角相连的开普点，它海拔约 244 米，沿着 40 米高的梯级可以一步步攀上开普点的顶端。这里有一座 1857 年修建的古老灯塔，如今已有新的导航灯塔代替了它的功能，它建在开普点的最前端的悬崖上，完全由电脑控制，昔日的灯塔成了游人观光的好去处。凭借围墙远眺，只见山与海融为一体，海水卷荡起银白色的浪花，排山倒海般地相拥追逐而来，成群的海鸟勇敢地在浪峰间俯仰嬉戏，描绘出一派“惊涛拍岸风雷激”的壮观意境。古灯塔的右边有一块 2 米高的巨石，不少游人在上边题字留念，自然少不了中国人的名字。

好望角多惊涛骇浪首先跟这一带多大风有关。每年夏季 11 月至来年 3 月，强劲的东南风持续不断地扫过好望角，时速可达 120 千米。如此大风倒有一个好处，那就是蚊蝇极难存活，因此一刮大风，当地人就说这是“开普医生”来了。不刮风的日子，好望角一带的海面照样是“无风三尺浪”，原因是这里地处大西洋和印度洋交界处，不同流向的湍急洋流相互撞击，就引起了海面的激荡。

由于这里风高浪急，自古以来就被海上探险家们视为畏途。1488 年，葡萄牙航海家迪亚士奉葡萄牙国王之命，率领三艘帆船沿非洲西海岸南下，途经这里时，突然遭遇风暴，海面上巨浪滔天，把船员们吓得魂飞魄散。船队经过两天的奋力拼搏，才绕过骇人的海角，驶进风平浪静的非洲西海岸。望着海角消失的方向，惊魂未定的迪亚士给它取名为“风暴角”。1488 年 12 月，迪亚士返回里斯本，向葡王报告航海经过，提到那个新发现的“风暴角”。葡王不同意这个叫法，他认为这是一个好兆头，只要绕过这

开普点

开普镇

Cape of Good Hope Nature Reserve

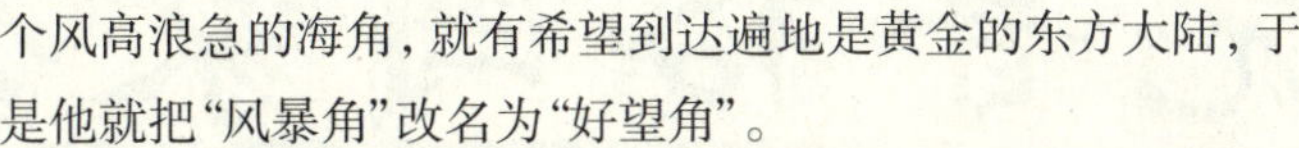

个风高浪急的海角，就有希望到达遍地是黄金的东方大陆，于是他就把“风暴角”改名为“好望角”。

关于好望角的名称由来，还有一种说法。1497 年，葡萄牙另一位探险家达·伽马率领远航船队成功地绕过“风暴角”，驶入印度洋，并于次年 5 月抵达印度西南海岸，然后满载黄金、丝绸和香料回到葡萄牙。葡萄牙国王约翰二世得到这个好消息后，兴奋之余就把“风暴角”改名为“好望角”，认为只要绕过这一海角就能带来好运。

好望角的英文名称是“好希望”的意思，而实际上这里是一个“多难角”。就连发现好望角的迪亚士本人，也于 1500 年再一次来到好望角时，葬身于这里的海浪之中。在好望角对面 1000 米处的海面上，常常会泛起一堆孤独的雪白浪花。据当地人说，那不是岩石和暗礁造成的，而是数百艘沉船造成的。1968 年 6 月，一艘名叫“世界荣誉”号的巨型油轮装载着 49000 吨原油驶入好望角，遭到了高 20 米的狂浪袭击，巨轮就像一根木棍似的被巨浪轻松动地折成了两段。据 20 世纪 70 年代以来的不完全统计，在好望角海区失事的万吨级航船已有 11 艘之多。

早在 1928 年，开普敦的建筑师赖恩—曼瑟就提出把好望角建成自然保护区，让它永远保持着迪亚士 500 多年前第一次见到它时的模样。这个美好的初衷已经变成了现实，巨大的旅游收入给当地人的生活带来了“好望”。南非人也相信这“好望”，他们来到好望角，通常要前后左右四次俯首跪拜，意在求得事事“好望”。如果这样做有灵验的话，真希望他们也能为海上的船只求得一份“好望”。

Kruger National Park
克鲁格国家公园

南非最大的野生动物园
名列世界十大国家公园之一
有“南非最后的伊甸园”之称

Kruger National Park

地理位置:位于南非德兰士瓦省东北部，勒邦博山脉以西地区，坐落在姆普马兰加省和北部省交界处，毗邻津巴布韦、莫桑比克两国边境。

自然概况:公园长约320千米，宽64千米，占地面积约2万平方千米。园内一部分为多岩石的开阔草原，一部分为森林和灌木丛。北部有众多温泉，还有6条河流穿过园区。

气候条件:属热带草原气候，1月份平均气温为22℃，7月份平均气温为10℃。年降水量在600毫米左右。

动植物分布:园中动物有哺乳类137种、鱼类49种、爬行类112种、鸟类超过439种。其中鹿科的高角羚数量超过14.5万头，在非洲数量最多。还有野牛2万头、斑马1.6万头、非洲象近万头、非洲狮2000头等。植物方面有非洲独特的猴面包树。

资源特产:地下蕴藏着丰富的煤矿。以鸵鸟蛋制作的工艺品和木刻、木雕等，都是游人喜欢购买的当地特产。

游览须知:这一地带夏季是疟疾的高危险区，防御方法是不要在早晚裸露四肢，还要事先注射防疫针及服用奎宁等药物。每年6月~9月的旱季是入园观览旅行的最好季节。游人需自备望远镜、防风外套、太阳镜以及便帽等。除了在营地和特定的观景区外，乘客不准离开车辆。日落后公园内禁止擅自行车，以免伤害夜间出没的动物。

南非境内共有 18 座国家公园，位居首位的就是克鲁格国家公园。从面积上来说它最大，大小相当于英国的威尔士；从时间上来说它最古老，至今已有 100 多年的历史。而从动物保育、生态旅游以及环境保护的相关技术与研究方面，它也是最负盛名，稳居世界前列。

说起这座国家公园的建立，还有着这样一段动人的故事。那是 19 世纪末，一些地质考察人员来到萨比河沿岸宿营，准备开采这里地下蕴藏丰富的煤矿。然而，躺在营帐里，望着头顶的满天繁星，倾听着天籁之音，他们不禁被深深地打动了，于是毅然放弃了勘探，为这里的动植物保留一块乐土。其实，这只是一个传说而已。真正有据可查的是，1898 年，布耳共和国的最后一任总督保罗·克鲁格为了阻止偷猎者对这一带动物的肆意猎杀，下令将这里辟为自然保护区。他这样大声疾呼道："如果我不设法保存这块属于动物的栖息地，我们的后代子孙就再也看不到大羚羊，纰角鹿和狮子了！"以后，这个保护区的范围不断扩大，管理也越来越规范，使之成为国际上自然保护的成功范例。

说起这位克鲁格来，那更是一位有着传奇色彩的人物，据说他 13 岁那年去郊外游玩，碰上了一头狮子，以他弱小之躯居然将这头咆哮的狮子制服杀死。值得玩味的是，他成为南非首任总统后，却首先提出了"保护动物，保持生态平衡"的口号。为了纪念他的功绩，他所倡导创建的世界上第一个野生动物园——南非野生动物园，便被称为克鲁格国家公园。这座公园有 8 个入口，其中之一就是克鲁格门，这里有一尊朴素的克鲁格石像，欧美游人路过这里，对会向他行注目礼，感谢他默默地守护着这方被誉为"南非最后的伊甸园"的净土。

Kruger National Park

克鲁格国家公园称得上真正的野生动物王国，几乎所有的非洲热带动物都在这里生生不息，一些在别的地方濒临灭绝的动物，在这里却数量多得惊人。以非洲象为例，它是非洲丛林“五霸”之一，也是非洲的标志性动物。由于保护得法，克鲁格公园中的大象出现了过剩现象，以致从 1967 年以来，南非不得不有计划地捕杀大象，以保持生态平衡。南非还带头建议国际社会开放象牙贸易，将收入所得用于保护区的维护。克鲁格地区曾经出过一头名为沙乌的公象，它的象牙有 3.17 米长，创造出一项世界之最。沙乌年迈体衰，无法承受它的重量，只好让弯曲的牙齿触及地面。在南非旅游胜地太阳城内皇宫酒店的庭院中，有一尊大象雕像，就是以沙乌为原型同比例雕成的。据说它是有史以来最大的铜象，又创造出一项世界之最。

游人们在克鲁格国家公园很少能见到老象，大多是刚刚步入壮年的大象和幼象。它们对于挡在前边的树木熟视无睹，庞大的身躯像重型坦克一般碾过去，只听一阵劈啪声大作，一条通道就被凭空开辟出来。假如大象的数量不是太多，它们的这种蹂躏行为就是好事，能防止树木过于茂盛，为其他食草动物开辟出生存的空间。

在非洲丛林“五霸”中排行老二的是狮子，随后是犀牛、野水牛、花豹，这些动物在克鲁格国家公园中数量也很多，但游人轻易见不到它们生龙活虎的一面。狮子和猎豹都喜欢在夜间出来活动，白天顶多能看

到狮子躲在远处睡大觉，偶尔还能看到硕大的犀牛躺在水中晒太阳。有一张据说是在克鲁格拍的照片，一头非洲花豹横立在一辆吉普车的车头上，龇牙咧嘴地侧头盯向车内，尾巴紧贴着挡风玻璃，车上的女游客惊愕地看着这个可怕的家伙。这个场景有可能是电脑合成的。

在非洲丛林“五霸”中，大象的驯良，狮子的慵懒，犀牛的暴躁，都是人所共知的。相比之下，人们对非洲花豹和野水牛了解的比较少。花豹又名金钱豹，身上长着很多斑纹。它经常栖息在树上或树丛茂密的地方，阳光透过树叶造成光斑和它身上的斑纹互相辉映，形成了极佳的隐蔽色，使它成为藏匿隐身的能手。

花豹习惯于将未吃完的猎物隐藏起来，它们常常能将重达 50 千克的黑斑羚叼上树去，而这又能说明它的头颈部骨骼和肌肉组织非常有力。花豹个头不大，但非常凶猛，假如让两头花豹去跟一头狮子搏斗，胜算应该是百分之百，只是这种动物不合群，因而这样的战例在现实生活中是难以存在的。

非洲野水牛在克鲁格公园里有自己的领地，它们静静地趴在草地上或者水里，显出一副与世无争的样子，但其他动物很少敢于靠近，因为它们强悍的体力和犀利的牛角就连狮子也感到畏惧。若论单打独斗，一头非洲雄狮肯定斗不过一头健康的非洲野牛，但狡猾的狮子能够成功地将一头老弱的野牛从牛群里分割出来，然后十几头狮子轮番攻击，野牛疲惫不堪，最终就会轰然倒下。当然，如果这种情形被野牛群发现了，为首的野牛就会带领大队人马冲杀过来，牛蹄踏着大地，就像擂响了战鼓。狮群见势不妙，便急忙狼狈逃窜。

其实，一向老实的非洲野水牛是愧对了安到它们头上的那个“霸”字，它们的勇猛只是在迫不得已进行自卫时才会闪现光芒。真正配得上这个“霸”字的动物，最起码应该算上斑鬣狗一个。斑鬣狗外形似狗，体重在 80 千克左右，既没有狮子的力量，也没有猎豹的速度，走起路来拖泥带水，却是仅次于狮子的好猎手。这里的诀窍就在于斑鬣狗总是成群活动，一发现猎物就有组织地进行围猎。不光瞪羚、斑马、角马这样的食草动物，就连半吨重的非洲野水牛，有时也会丧生在它们的围剿中。

多年以来，人们对斑鬣狗都有一种误解，认为它们专拣狮子的残羹剩饭，委琐胆小，令人讨厌。其实，斑鬣狗和狮子是一对天生的死对头。当鬣狗捕获到猎物后，因为兴奋和争食，常常会发出一种像人一样“吃吃”的发笑声。这个声音往往会把狮子引来，于是就赶走了斑鬣狗，把它们辛辛苦苦捕获的食物据为己有。斑鬣狗只得在一旁围观，等候狮子美餐完毕，再来吃些狮子不愿意吃的内脏、骨头等。人们看到的恰恰是这一幕，便以为斑鬣狗是可恶的食腐者。

白天游览克鲁格国家公园，最常见的野生动物是成群觅食的高角羚。它们的臀部两侧有竖黑斑，后足跟部有黑色斑，所以人们又叫它黑斑羚。在适者生存的自然环境中，它们采取的是以量取胜的策略，长年保持着一支十几万之众的大部队。它们还是奔跑健将，跳跃的姿势十分轻盈。高角羚所在的羚羊家族也十分庞大，有纰角羚、条纹羚、吼羚、大羚羊、水羚、白脸牛羚、跳羚等，它们或善跑或善藏或善涉水，各自具有一套躲避捕食者的生存本领。

与一有风吹草动就溜之大吉的羚羊不同，野性十足的斑马还有些反抗精神，每遇食肉动物来袭，它们就会围成一圈儿，屁股全都朝外，谁敢往上冲就用蹄子狠狠踢去。斑马全身遍布黑白相间的条纹，以前人们都以为这是斑马的保护策略，往草丛中一躲，敌害就看不出来了。其实不然，斑马身上的条纹主要是在成群奔跑中起作用。食肉动物都是色盲，让那么多黑白条纹一晃，分辨不出哪些斑马是弱小的个体，也就难以下手了。

在克鲁格国家公园中还经常能看到体态娇小的绒猴，一见人来就窜到巨大的无花果树上。疣猪满身横生褐色的鬃毛，一个大脑袋占去了全身的一小半，撅着嘴哼哼唧唧地四处嗅食，一副知足常乐的模样。小小的山龟常常会给游人带来些小麻烦，它们慢悠悠地横穿马路，速度奇慢，汽车喇叭对它根本不管用。这里最让人讨厌的动物是狒狒，它们不光相貌丑陋，泛黄的眼神浑浊，面露凶光，而且翻脸不认人，有的游客好心好意地喂它们东西吃，却让它们的爪子挠了。因为有这样的先例，一见它们撅着屁股走过来，人们就以为它们不怀好意，赶紧手忙脚乱地把车窗摇起来。

为了看到更多的野生动物，很多游人选择在克鲁格国家公园中过夜。园中有陈设简陋的茅舍，还有宿营车，可供游人选择。

天色渐渐暗下来，夕阳的最后一抹余晖消失在远处的林中，人们在小河边选好位置，支起一架夜视望远镜，激动人心的克鲁格观赏野生动物之夜马上就要开始了。羚羊、猴子、鬣狗、水牛、野象等，一群群、一队队来到河边饮水，然后悄然离去。凡是公园中有的动物，而你白天没有见到的，这个时候都能看到它们的身影。

月亮升起来了，照亮了林间的草地，一只面目狰狞的黑猩猩咆哮着冲出来，把一只幼小的狮子打得嗷嗷嚎叫。片刻间就传来一声骇人的狮吼，一只雄狮抖动着乱麻似的鬃毛奔了过来，甩动着钢鞭似的尾巴，与黑猩猩打了起来。谁知一只雄狮不是黑猩猩的对手，被撵得到处乱跑，很快又跑来四五只狮子，形成合围之势。黑猩猩寡不敌众，不敢恋战，便伸开长臂，敏捷地窜到棕榈树上，远远地逃走了。

每一个到过克鲁格国家公园的人，都会在梦中一次次回到这片充满野性的高天旷野。英国作家汤玛斯·布朗曾经这样写道："我们每个人的体内，都蕴藏着非洲的原始与神秘。"非洲是人类的起源地之一，这"根"的感觉已经深深地渗透在人的血液里，也许这才是人们对克鲁格梦寐难忘的原因。

寻觅一方方乐土

让不胜人类烦扰的

大自然享受一份安闲

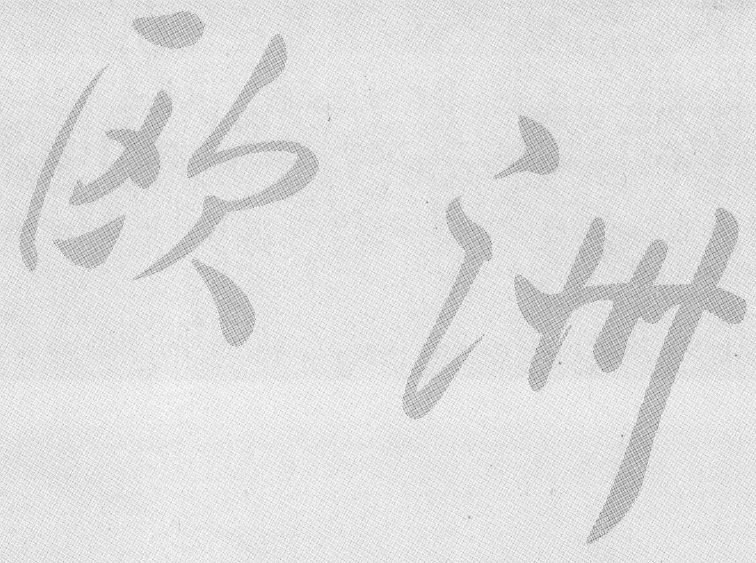

Lake District National Park

湖区国家公园

英国人称它为“后花园”
“湖畔诗人”居住的地方
被誉为“英格兰最美丽的一角”

Lake District National Park

地理位置:位于英格兰西北海岸,靠近苏格兰边界,距离伦敦400千米,与曼彻斯特相距120千米。

自然概况:湖区整个面积为2300平方千米,湖区内拥有英格兰的最高峰斯科菲峰和英格兰最大的湖温德米尔湖。坎伯里山脉横贯湖区,把湖区分为南、北、西三个区,湖区北部最大的城镇是凯斯维克。

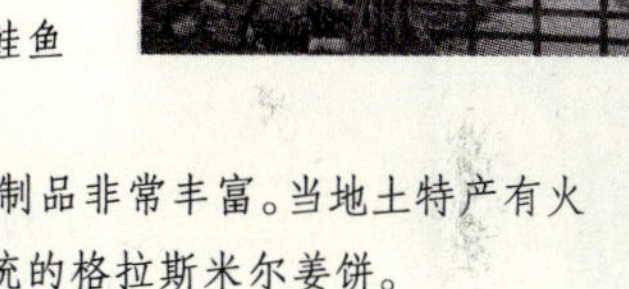

气候条件:属温带海洋性气候,温和湿润,夏季平均气温为16℃,冬季平均气温4℃。年降雨量一般在790毫米左右。

动植物分布:湖区栖息着200多种鸟类和英国25%的野生植物,湖中的白鲑鱼是英国主要的罕见鱼种。

资源特产:牧业比较发达,肉类和乳制品非常丰富。当地土特产有火腿、奶酪、啤酒、肯德尔薄荷饼和传统的格拉斯米尔姜饼。

游览须知:住宿条件很好,既有温暖舒适的乡村家庭旅馆,也不乏湖景秀丽的豪华酒店。

英国湖区国家公园的历史始于1951年,而这里的湖光山色却是千万年大自然的杰作。群山中星罗棋布着上百个湖泊,其中有名的就有16个,它们好像一串串璀璨的珍珠,把这里翠绿青葱的草原点缀得波光粼粼。面对着着灵秀清幽的自然风光,游人无不由衷赞叹这里的确称得上"英伦三岛最美的风景"。而英国人自己则干脆把它称为"后花园"。

Lake District National Park

如此胜地自然会引来如云的游客，而达官贵人们索性在这里建起了别墅。钱少的人自然无法这样奢华，却也无碍对美景的赏玩，甚至体会得更深入一些。于是，有钱人在这里得到了享受，有才人则在这里获得了灵感。英国的很多文化名人都不约而同地远离乌烟瘴气的伦敦，而在这里守着青山绿水过了半生，显然不是仅仅为了消闲，而是想借助天籁拨动自己心中情感的琴弦。

温德米尔湖

19 世纪初，英国文坛上兴起了一个浪漫主义诗歌流派，其奠基人威廉·华兹华斯和他的妹妹多萝西就长期居住在湖区。华兹华斯和另外两名诗人柯勒律治、骚塞合称为“湖畔诗人”。这个“湖”指的便是湖区中众多的美丽湖泊。如果非要找出具体所指的话，那只能是葛拉斯米尔湖。它位于湖区的北部，小巧玲珑，也许最让抑郁感伤的浪漫派诗人们感叹的恰恰就是大自然的精心雕琢。著名的英国浪漫主义诗人济慈曾这样说过，温德米尔湖能“让人忘掉生活中的区别、年龄、财富”，你很容易就会迷失在美景中，忘了时间，有一种“天上一日，地上十年”的感觉。

华兹华斯所居住的地方就在葛拉斯米尔湖畔。这个小村庄住户不多，蜿蜒的小河从村边潺潺流过。每逢春季，到处开满了娇艳的水仙花。华兹华斯曾这样说过：“我不知道还有什么别的地方能在如此狭窄的范围内，在光影的幻化之中，展示出如此壮观优美的景致。”华兹华斯的故居“鸽舍”附近湖边的林中有一条小径，当年诗人经常在这里漫步。如今很多游人都喜欢走一走华兹华斯走过的小道，聆听着草丛中昆虫的鸣唱，看着如水的阳光在树叶间流过，这时候千万不要忘记带上纸和笔，或许你的灵光会在刹那间变幻出优美的诗句。

湖区周围有许多小旅馆，大都掩映在绿树丛中。观赏完如诗如画的湖上美景，随便找一家小旅馆住下来，你立刻会陶醉于那里浓浓的文化气息。餐厅里摆放着的维多利亚时代的瓷器，卧室床头的小书柜上摆着的英国文

温德米尔湖

学名著，诗集自然是少不了的。在月上柳梢头的时候，捧起一本英诗精华，找几首隽永的小诗读一读，方才无愧于这个远离尘嚣的所在。

葛拉斯米尔村中除了华兹华斯的故居，还有华兹华斯博物馆以及他的墓地，对于文学爱好者来说都是值得徜徉的地方。如果你对诗歌没什么兴趣，那也无妨到华兹华斯长眠的地方走一走，那里有一家小小的姜饼店，自 19 世纪以来，它就以姜饼独特的香味招徕了数不清的顾客。

游览完葛拉斯米尔湖，就应该到温德米尔湖看一看，它是湖区中最大的湖，位于南面，形状好像一个被拉长的逗号，南北长达 17 千米，却只有 2 千米宽。这里湖面宽阔，是个泛舟的好去处。湖边随处都能租到小艇，只要轻轻划动双桨，就能荡进温德米尔湖的怀抱，悠闲地观览湖上风光。湖区的每一个湖泊都是水鸟的天堂，温德米尔湖更是如此，从最普通的水鸭到最高贵的天鹅，全都不怕人，会尾随着你的小艇游来游去，它们这是跟你要吃的。如果你手头有面包一类的食物，你的周围必定会被成群的鸟儿围个里三层外三层，呆头鹅会狂妄到凭借身高体壮，伸长了脖子，从你手中抢食吃。而鸽子群则轻巧地从外围空中一下子冲进来，有时甚至会落到游人的胸前。

如果你不想自己动手划船，可以坐往来于湖岸之间的渡船，它从 15 世纪时就开始运行了。围着温德米尔湖走一走，则是健身与游览一举两得。一路上每到风景绝美之处，都设置有专门的观景坐椅，让走累了的游人歇歇脚，同时细细品味眼前的风景。

温德米尔湖的渡口处有一个古老的村庄，名叫鲍内斯。村中有个“比阿特丽克斯·波特世界”，专门出售与彼得兔相关的商品。彼得兔是作家波特在儿童文学作品中创造出来的形象，深受西方小朋友的欢迎。波特的故居就在村边一个叫“丘顶”的地方，现在已经辟为博物馆。那刷得雪白的房屋，低头吃草的羊群，起伏绵延的草地，波光粼粼的湖水，仿佛与波特作品中的描绘毫无二致。

湖区不仅以湖光闻名，山色也不容错过。英格兰的最高峰斯科菲峰就位于湖区的正中央，山中还有两条美丽的山谷，只是需要有相当的体力，才能领略到高处的风光。对于一般的游人来说，更实用的选择是看看这里的小村镇。安布尔赛德是个居民不足3000的小村庄，却非常热闹，17世纪英国常见的小型“桥屋”在这里依然可见。桥屋建在小巧的石桥上，高两层，屋顶由石板瓦盖成，桥屋附近能看到吱吱运转的水车，一派田园风光。

斯科菲峰

Le parc nature régional des volcans d'Auvergne

奥弗涅火山公园

欧洲最大的自然公园
常被称为“火山教科书”
地貌奇异壮观

Le parc nature régional des volcans d'Auvergne

地理位置:位于法国中部城市克勒蒙菲朗城的西面,火山群中规模最大的多姆山位于克勒蒙菲朗城以西8千米处,海拔1465米。

自然概况:整个火山群散布在南北长70千米、东面宽20千米的一个矩形地带上,由近90多个规模不等的火山锥组成,其中近70多个相对集中在火山带中北部的多姆高原上,绵延30多千米,形成奇伟瑰丽的多姆山脉。

气候条件:属大西洋性气候,夏季炎热,其他季节多雨多风。1月份平均气温为3℃,7月份平均气温为21℃。年降雨量一般在800毫米左右。

动植物分布:多生松树,林间可见一些小动物。

资源特产:矿泉众多,还有很多温泉对某些常见病具有一定疗效。当地的奶酪很有名。

游览须知:多姆山上有一石柱,上边安有望远镜,交1法郎便可在这里尽情欣赏风景。

克莱蒙费朗

Le parc nature régional des volcans d'Auvergne

1876年,英国新浪漫主义的代表作家斯蒂文森踏进了法兰西的浪漫国度,他骑着一头小毛驴,身体力行地感受着奥弗涅地区特有的魔力。他把自己的旅行安排得有如梦游,没有时间表,走到哪里算哪里,累了就找个小酒馆喝上一杯,找不到酒馆就喝溪水,来了灵感就写作,还与一位来自美国的少妇芬妮一见钟情。

直到今天,游览奥弗涅地区最受推崇的方式,还是像当年的斯蒂文森那样,在这块由火山喷发而形成的土地上随意感受那粗犷的美丽,在如同月球表面一般的荒漠上自由地展开想象,顺便遭遇不顾一切的爱情,最好是在克莱蒙费朗城中度过几个销魂之夜。

克莱蒙费朗城是法国中部多姆山省的省会,古代的阿尔韦尼部落就生活在城外,"奥弗涅"这个名字就由此演化而来。古时候这里是战略要地,如今在这座城市高高的山顶上还能见到中古时期留下来的古城堡。

与其他法国城市相比,克莱蒙费朗并没有太多显赫的历史,但它是一个拥有火山的城市,火山所馈赠的众多矿泉和温泉,使这里早在罗马人统治时期就成了温泉浴疗的好去处。

这一带的火山集中在克勒蒙菲朗城的西部,统称奥弗涅火山,大大小小有近90座,散布在一个南北长70千米、东西宽20千米的矩形地带上。也许从这里尚无人迹的时候开始,它们就没有喷发过,人们只是为这里的奇特地形地貌感到惊讶,却根本不知道这些山是火山。直到1751年,法国地质学家凯塔尔经过长期的实地考察,最终才确定它们其实是火山。人们这才恍然大悟,原来这一带绵长的山脉是38万年前大自然即兴雕凿而成的产物,有些火山曾在大约1.5万年前爆发过,在地球上大山的排行中,完完全全是个"小字辈"。

由于奥弗涅火山出现在地球上的时间不长,而且这一带人烟稀少,曾经非常闭塞，所以这些火山还完好地保持着它们原始的形状，因此常被称为“火山教科书”。从形状上来说，它们称得上多姿多彩，奇妙非凡。有的如海上汹涌的波涛，有的平坦得像一块芦席；有的串串突起，有的形似长绳；有的如一群奔跑的大象，有的像玉柱擎天。这样的万千变化是熔岩在流动的过程中，随着地貌的形态自然形成的。多姆高原平均海拔在1000米以上，其东部方向的利马涅凹陷带海拔仅300米，两者中间隔着一条南北向的大断裂，高原东部边缘有一个30度的大陡坡，坡面上遍布深谷。当火山熔岩流沿着峡谷奔泻而下时，就在所遇到的基岩上覆盖出一处处壮丽的熔岩流景观。

当熔岩受阻出现回流时，又会形成多姆高原东南部常见的那种螺旋形小锥体。如果熔岩在流动的过程中发生喷气现象，就会形成喇叭花状和环状喷气穴或塔式堆叠，甚至还会形成岩浆洞穴。在克勒蒙菲朗城以西的卢瓦亚特就有好几个这样的洞穴，其中一个洞穴里边有暗河流淌，水中有一块长长的石头，据说可以蹲坐其上洗衣服，所以得名“女佣洗衣洞”。

奥弗涅火山群中常见的火山是火口火山。这类火山由于基性熔岩的流动性强，喷发时的爆发力较小，就好像打开啤酒瓶瓶塞一般。火山喷发后，山顶上便留下圆形或半圆形的凹陷。比如位于多姆山脉北段的卢沙弟艾尔火山锥和南段的蒙代叶火山锥，他们都是顶部凹陷，一侧破损，远远望去，火山口的形状好

多姆山

Le parc naturel régional des volcans d' Auvergne

似一把圈椅。位于多姆山脉中段的新巴利乌火山维，其顶部有一个直径约 300 米的大圆坑，深达 95 米，四周封闭，好像一只大碗仰口放在那里。山脉中段的孟叶火山顶有三个火口，两个如目，一个似嘴，从高空俯视，颇似一只坐井观天的青蛙，十分有趣。

多姆山脉中北段有几座由灰白色酸性熔岩构成的穹形火山锥。这类火山喷发强烈，但喷出的岩浆极为黏稠，堵塞在火山口内，如同挤牙膏一般，层层叠积向上隆胀，形成了穹形火山锥。这里的大萨尔古伊山就是这样一座火山，它的表面规则平滑，如同一只倒扣在地上的大锅，黑糊糊地立在那里。

叠状复合火山是奥弗涅火山群中比较特殊的一种类型。这类火山形成于火山的多次喷发，第一代火山由基性熔岩建造而成，第二代火山喷发后，原来的火山锥遭到破坏，喷溢而出的岩浆在火山口四周构成圆形堤坝，围成熔岩湖。熔岩集聚过多，便会破堤流出。湖面上重新又喷发出火山，便会形成几座第三代火山。这“三代同堂”的火山奇观，十分引人注目。

火山喷发过后，往往会在火山口内积聚起大量的岩浆和地下水，由此形成火山口湖。位于多姆山脉南北两端的巴万湖和达兹那湖就是这一带著名的火山口湖。巴万湖直径约 750 米，深约 92 米，湖壁直立；达兹那湖略小，直径约 700 米，深约 66 米，湖壁颇缓。两湖风景优美，碧波荡漾。每当清风徐来，湖面上就会泛起一圈圈涟漪，轻轻地摇曳着倒映在湖水中的朵朵彩云和绿树青山，有如图画一般。在多姆山脉最北端还有一个博尼特火山口湖，它曾是奥弗涅地区最大的低平湖，直径达 2000 米，后来湖内又喷出了新火山，使得湖面缩小了不少。

奥弗涅火山群中规模最大的火山锥是多姆山，它位于克勒蒙菲朗城以西 8 千米处，海拔 1465 米，宛如一颗灿烂的明珠嵌在火山群的中央地带。登上多姆山顶，只见几十座火山在高原上排成长长的一条直线，很有气势，不禁让人惊叹于大自然的造化之功。站在高处望去，这些火山有的已经风化成了坡缓浑圆的山丘，有的呈针尖状，有一些峰顶平缓，还有一些峰顶拥有带湖泊的火山口，在阳光下泛着白光。

多姆山不高，距离城市又比较近，法国人就便把电视塔建到山顶，以山为基，这样的电视塔便格外巍然，功效也应该格外大。山顶的北侧有一幢深灰色的高大建筑物，那是克勒蒙菲朗大学多姆山地球物理研究所的观测站，这显然又是一个聪明的选择。

对于游人来说，和他们最有关系的是山顶东侧那根石柱，上面安有望远镜，只要你付 1 个法郎，就可以更加仔细地观赏这里的高原火山风光。秋季，那些死火山都披上了褐色或金褐色的外衣；冬季，皑皑积雪又把它们变成大海中白色的波浪。稍嫌不如意的是春夏两季，茂盛的森林不断掩盖着这些火山的原始风貌。

一年四季不管什么时候，站在多姆山所望到的景色都具有非凡的魅力。自从奥弗涅火山地区被辟为火山公园以来，来自五湖四海的旅游观光者都说他们在这里获得的印象最深。

Le parc nature régional
des volcans d'Auvergne

National Park Saechsische Schweiz

萨克森小瑞士国家公园

德国风景最优美的地区之一
巴斯泰石林驰名遐迩
山顶城堡历史悠久

德国的西南部与瑞士接壤，而萨克森小瑞士国家公园却在德国的东部，与捷克近在咫尺。既然如此，它为什么会得名“小瑞士”呢？原来，18世纪以前，这里的自然景色一直“养在深闺人未识”，不为外人所知。后来来了两位瑞士画家，他们为这里的风光所吸引，并以它们为素材，创作出了一批令人称绝的山水画来，题名为“萨克森瑞士”（也称“小瑞士”），从此这个景色如画的地方便声名鹊起。

地理位置:位于德国萨克森州境内,距离州首府德累斯顿东南40千米,与捷克接壤,相距仅有30千米。

自然概况:公园面积370平方千米,由山石、森林、村庄组成,易北河从中穿过。这里的山石主要成分为沙石,所以这个公园又叫易北河沙岩山脉国家公园。

气候条件:属中等偏凉的大陆性气候,1月份平均气温为-0.7℃,7月份平均气温为18.1℃。一年之中最干燥的季节是2月和3月,降水量仅有60毫米。

动植物分布:常见树种有松柏等,常见动物有水獭、山鹰、猞猁等。

资源特产:当地特产有磁人、象牙装饰品、木刻工艺品等。

游览须知:整个国家公园没有围墙,也不收门票,除了停车场有餐厅以外,其他地方没有任何服务设施,到这里旅游的人无论男女老幼都只能在公园中徒步行走。

National Park Saechsische Schweiz

来到萨克森小瑞士国家公园,你会吃惊于德国竟然会有如此美丽的风光。放眼望去,岭峦青翠,古木参天,奇树怪石,栈道蜿蜒,简直是处处皆可入画。画出这美丽风光的大师就是那条形似玉带的易北河,它雕凿出两岸的峭壁,滋养着遍地花草,还有它本身急流奔腾,掀浪翻花,流动出水缠石绕的一幅幅胜景。公园东面的斯劳什河也算得上一位丹青妙手,它是德国与捷克的界河,河水清澈见底,两岸古木参天蔽日,根系盘扎,枝干遒劲,好似画家随意泼洒的笔触。

凡是自然风光,大多美在山水,萨克森国家公园概不能外。这里的山魅力不在高,而在陡峭耸立,奇峰迭出,有的山整个就是一块巨大的岩石,石缝中顽强地生长着许多小树,用它们的生趣装点着岩石的厚重。园中还有好些奇特的平顶山头,山下绵延着绿草如茵的谷地,遇到烟锁雾罩的天气,更会增加一份朦胧之美。

巴斯泰地区的岩石

柯尼希施泰恩

National Park Saechsische Schweiz

萨克森小瑞士国家公园中最著名的巴斯泰石林，也是山的景观。这里的山石主要成分是沙石，耐不住长期的风雨侵蚀，结果变成了一个个奇形怪状的石柱。它们状物如人，妙趣横生，犬牙交错，排列成阵，既像一棵棵参天大树组成了一片茂密的森林，又像一队队士兵站在易北河畔组成接受检阅的方队。这些石山大多高100多米左右，比较适合攀登，但毕竟山陡石滑，难以一蹴而就。还是公园的管理人员想得周到，他们在700多个小山头上都备下绳索、手套等登山用具，让游客随意取用。很多石柱的顶端都放着一个小铁盒，里边装着签名簿，每一个攀岩成功者都可以在上面留下自己的大名，记录自己的喜悦心情。

在通向巴斯泰石林的路上，有一处名为坠岩的险壁，一条76米长的石桥横跨在深不可测的马尔德提勒山峡上。走在桥上，望着桥下奔流的易北河，想象着当年建桥的千辛万苦，不由得让人生出几多感叹。

萨克森小瑞士国家公园中最有名的古迹是柯尼希施泰恩城堡，已有700多年的历史。城堡本身高40多米，石坚墙厚，又建在360多米高的山顶上，地势险要，只有一条通道与外界相连，大有“一夫当关，万夫莫开”之势，于是成为历代国王的边防重塞。整个城堡可以容纳2万名兵士，俨如一座小城，城堡内至今还保留着当年的军火库、125米深的古井、容量为25万公升的酒库、众多的粮库和一座教堂。充足的弹药和粮食，甘洌的井泉，都是长期坚守待援的保证，不惧敌军围困万千重，所以城堡的主人才积储下那么多美酒，一定是为了欢庆胜利而痛饮的。第二次世界大战期间，德国人把大量的艺术珍品和重要文献都存放在这里的一个珍宝馆里，它的墙壁厚达1.8米，保护着那些珍宝安然无恙地度过了炮火连天的岁月。

历史的烽火狼烟散去了，当年的军事要塞如今仿佛成了一页童话。那高高耸立的古堡，土灰色的高墙，还有吊桥、隧道、窄小的窗户和尖尖的塔楼，一切都像极了童话故事中巨龙囚禁公主的地方。顺着一条长长的隧道进到古堡中来，但见亭台楼阁具备，树木花草错落，又俨然一座中国式的山水园林。城堡北部有一座建于1589年的八角亭，十足的巴洛克式风格，断檐迭柱、波浪形的墙面、姿态夸张的雕像等，在光影变换中产生出戏剧性的效果。山顶的栈道曲折如廊，临壁虚空，在翠峰绿涧间回旋伸延。行走其上，山风徐来，耳中是天籁回响，眼中是石桥溪流，令人流连忘返。

登上古堡的眺望台，周围众峰环拥，远处一江如带，那是易北河在蜿蜒而流。每当日出时分，易北河河面上就会升起如丝如缕的雾气，升到半人多高便悄然散去，好似白色的飘带在轻轻晃动。走到近前，你会看到成群的野鸭河面上游来游去，尺把长的鱼儿在岸边的浅水中懒散地游动，全不把来人放在眼里，显然这里的生命全都受到了充分的尊重。

易北河在萨克森小瑞士国家公园中穿行几十千米，沿岸有几十个村庄和居民点，但在易北河上几乎见不到桥。易北河不过百十米宽，以德国人的实力和技术，在河上架上几十座桥都是轻而易举的事情，但他们选择的却是用钢索牵引的无动力渡船，来回都悄无声响，只是让河面上多了簇簇浪花。德国人说，他们就是要建一个没有桥的公园，为的是最大限度地保护自然环境。出于这样的宗旨，萨克森小瑞士国家公园没有围墙，不收门票，除了停车场有餐厅以外，其他地方都没有任何服务设施，甚至包括卫生间。核心区里不通公路，也没有缆车，道路是自然的沙土路面，危险的地方有护栏，或架有简易的木桥，到这里来旅游的人，无论男女老幼都无车可坐，只能徒步行走。在这样的地方游览，自然会有诸多不便之处，但随兴漫步的悠闲，不受打扰的宁静，却应该成为人类与自然和谐相处的理想境界。

Greenland National Park

格陵兰国家公园

世界上最大的国家公园
位于世界第一大岛上
冰雪覆盖的无边世界

Greenland National Park

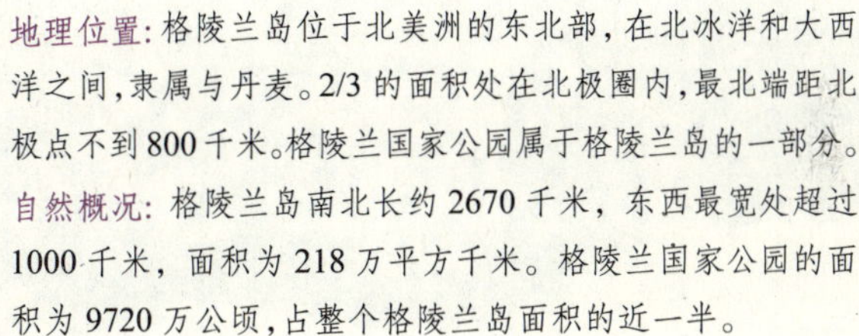

地理位置：格陵兰岛位于北美洲的东北部，在北冰洋和大西洋之间，隶属与丹麦。2/3的面积处在北极圈内，最北端距北极点不到800千米。格陵兰国家公园属于格陵兰岛的一部分。

自然概况：格陵兰岛南北长约2670千米，东西最宽处超过1000千米，面积为218万平方千米。格陵兰国家公园的面积为9720万公顷，占整个格陵兰岛面积的近一半。

气候条件：格陵兰岛年平均温度永远都在零度以下，夏季最高温度也很少超过10℃。中部地区的最冷月平均温度为-47℃，绝对最低温度达到-70℃，是地球上仅次于南极洲的第二个“寒极”。

动植物分布：海岸附近有灌木状的山地木岑和桦树。全年驻足于格陵兰岛的鸟类有雷鸟、小雪巫鸟。特有动物有全世界最大的食肉动物北极熊，还有狼、北极狐、北极兔、驯鹿和旅鼠等。格陵兰岛北部有大批麝牛。沿岸水域常见鲸和海豹。

资源特产：陆上和近海石油、天然气储量相当可观，矿产以冰晶石最负盛名，还有黄金、钻石等。

游览须知：格陵兰岛上的城镇之间没有公路，也没有铁路，乘坐飞机可以参观格陵兰全岛。

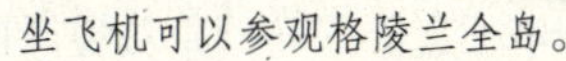

格陵兰岛有个颇有欺骗性的名字，在丹麦语和英语中，它的意思都是“绿色的土地”，而实际上，它的全境大部分地区处于北极圈以内，光秃秃的冰原上终年风雪肆虐，放眼望去，白茫茫的一片，绿色极为稀罕。中部地区的最冷月平均温度为摄氏零下 47 度，绝对最低温度达到摄氏零下 70 度，是地球上仅次于南极洲的第二个“寒极”。

由于气候寒冷，格陵兰全岛布满冰雪。根据科学家的测量，全岛冰的总体积达 260 万立方千米，假如这些冰全部融化的话，地球的海平面就会升高 6.5 米。格陵兰岛得以高高地突起于海面之上，主要靠的就是厚厚的冰层。如果没有冰层，格陵兰岛就不会有现在这样高耸的气派，只能像一只漂浮在海面上的椭圆形的盘子。

当然，格陵兰这个名字也不是绝对的名不副实，但那是历史上的事情。公元 982 年，一个名叫“红发”埃里克的挪威海盗，在当时属挪威管辖的冰岛连续两次杀人之后，被驱逐出境。在无路可走的情况下，他只好把一家老小和所有的东西都装进一个乌篷船里，怀着一线希望，硬着头皮往西划去。经过了一段相当艰苦的航行之后，他终于看到了一片陆地。当时的气候正处于全球小温暖期的最佳

Greenland National Park

气候阶段(欧洲人称作“中世纪暖期”),就连像格陵兰岛这样的高纬度地区也出现了适于生命的环境。尤其是到了夏季,其南部沿海地区的平坦陆地,就变成一片苍翠的绿色。埃里克在这里住了3年,觉得很不错,就想回冰岛去招募移民。可是,这样一个荒凉的冰原怎么能把人引来呢?埃里克在探险日记中写道:“假如这个地方有个动人的名字,一定会吸引许多人到这里来。”于是,埃里克就给它取了个动听的名字。这一招还真好使,一批又一批的移民携带着他们的家财和牲畜渡海而来。从此,格陵兰岛渐渐人烟凑集,蓬蓬勃勃地发展起来,在其鼎盛时期,居民点有280多个,人口有好几千,建有17座教堂,罗马教皇甚至还派人来征收教区税。

由于格陵兰岛是挪威人发现的,所以它最初就成了挪威的殖民地。1380年丹麦与挪威联盟,格陵兰转由丹、挪两国共同管辖。1841年丹麦和挪威分治,格陵兰岛成了丹麦一家的殖民地。挪威人对此耿耿于怀,屡屡就格陵兰岛的归属问题与丹麦争执不下。这件官司最终闹到海牙国际法庭,但还是判给了丹麦。

第二次世界大战期间,格陵兰岛一度由美国代管,战后归还给丹麦。1953年丹麦修改宪法,使得格陵兰成为丹麦的一个州,与法罗群岛一样,它也在丹麦议会中拥有 2 个席位。从 1979 年 5 月 1 日起，格陵兰正式实行内部自治，建立起了内部自治政府，但外交、防务和司法仍由丹麦掌管。丹麦在格陵兰设有首席代表，依法管理格陵兰的内部事务，而按照丹麦宪法的承诺，所有与格陵兰有关的声明都将照会格陵兰自治政府。

丹麦人对于格陵兰岛难以割舍，主要相中了它的其大无比。作为世界第一大岛，它比世界面积第二的新几内亚岛、第三的加里曼丹岛、第四的马达加斯加岛的面积总和还要大。格陵兰岛的海岸线接近地球赤道一周的长度。它的面积相当于冰岛面积的 20 多倍，不列颠岛的 10 倍，挪威、丹麦各自面积的 5 倍多。就是和地广人稀的美国相比，它也能占到其面积的 1/4。

不过，格陵兰岛的大是要打很大折扣的。厚实的冰原几乎占去了全岛 85% 的面积，中部地区封闭在巨大冰盖上，在几百千米的范围内既找不到一块草地，也找不到一朵小花。从空中望去，参差不齐的黑色山峰、庞大的蓝绿色冰山、辽阔的峡湾和贫瘠裸露的岩石，组成了这块土地荒凉的基调。偌大一个岛上，有人居住的区域只有 15 万平方千米左右，而且局促在西海岸南部地区。这一带的植被以苔原植物为主，连矮小的树木都很少见，但这里的建筑色彩鲜明，算是给这个色彩单调的大岛增添了一些生机。

不过，格陵兰岛的可观之处根本不在这些人工的建筑，而在于那些大自然奇妙的创造。格陵兰岛南北纵深辽阔，位于北极圈的部分会出现极地特有的

极昼和极夜现象。太阳从5月份升上天空就不落下去，整天艳阳高照，格陵兰成了日不落之岛，这就是极昼；到了7月25日，太阳落下去就不肯出来了，天幕上总是星光闪烁，沉沉夜色笼罩住了晶莹剔透的银色世界，这就是极夜。

极夜时凝视着茫茫夜空，经常可以看到各种各样的极光。极光的美丽堪称自然光之首。它们有时像五颜六色的孔雀在展示羽翼，有时像五彩缤纷的焰火尽情喷射，有时像成群的动物受到惊吓而狂奔不已，有时又像手持彩绸的仙女在翩翩起舞。有的极光细如游丝，有的状如彩带，上下飘飞，令人眩目，其人工无法超越之美更是让人心醉神驰。

格陵兰岛的另一大奇景就是千姿百态的冰山与冰川。格陵兰是冰山的故乡，每年从格陵兰西部冰川产生的冰山就有1万座之多。该岛雅各布斯哈汶港的市徽，便是两朵圆形的雪花夹着一座蓝白相间的冰山。1912年"泰坦尼克"号巨轮冰海沉没，就是因为撞上了一座格陵兰岛制造出的冰山。

冰山是由万年积雪在重压下形成的，洁净无比，没有任何杂质，是价廉物美的上等冷饮，深受人们喜爱。格陵兰每年都要向西欧和美国大量出口冰川冰，成为世界最大的"天然冰工厂"。格陵兰岛的冰块内含有大量气泡，放入水中，能发出持续的爆裂声，人们将其称为"万年冰"。在炎热的夏日喝上一口"万年冰"，那真是沁人心脾。

冰山是冰川的产儿。冰川的末端断裂入海，就会形成冰山。格陵兰的冰山又大又多，那是因为格陵兰的冰川厚重巨大，流动速度又快。岛上的佩得曼冰川是北半球最大的冰川，它伸入大海的部分就有 40 千米。夸拉亚克冰川又是世界上移动速度最快的冰川，每天能流动 20 米~24 米，而一般的冰川每天这一能流出几厘米远。

除了西南沿海等少数地区没有永冻层外，整个格陵兰岛就是一个十足的冰雪王国，终年只见雪花飘舞，从来不见细雨霏霏。来到这样一个“千里冰封，万里雪飘”的地方，诗人会放肆地展开思接千载的联想，而一般的游人却可以尽享冰雪冒险的快乐。在这里，由厚达 3 千米的冰盖覆盖的面积就相当于英国国土面积的 14 倍。随便住进格陵兰岛的哪一个城镇，都可以遥见冰盖的风采，但你要想到达它的边缘，却需要乘坐直升飞机或船只，有时也可以步行、开车或骑山地车。如果你事先准备好了帐篷，那就可以在冰盖上过夜，若是赶上极昼，就是午夜时分睁开眼睛，也能观赏到“红装素裹”的景色，同时还能体会到真实的极地感觉，那种肃静会令人不由自主地屏住呼吸。

格陵兰岛还是世界上和冰雪有关的几项大赛的举办地，例如世界上最艰苦的滑雪比赛、世界冰雪高尔夫赛和国际冰雕节。这些比赛一般的游客只能当看客，但到了格陵兰岛却没能到冰原上转一转，那真是身入宝山却空手而归。这样的遗憾当然是不会留下的，当地人早早地就给你准备好了上等狗拉雪橇，让你做一次轻松却刺激的冰上旅行。1888 年，挪威的探险家费里特乔夫·南森成为成功穿越格陵兰岛冰原的第一人，而他当时坐的就是狗拉雪橇。

Greenland National Park

每年的4月初都是乘狗拉雪橇最好的旅游季节。那12只驯服而卖力的雪橇狗，精神抖擞地摇晃着尾巴，就好像12条好汉，以风一般的速度，拖起雪橇在一望无际的雪原飞驰，恍惚间仿佛朝着世界的尽头呼啸而去。正像一位极地探险者所形容的那样："有了雪，有了狗，其他的你就不用再管了。"很少有游人能像南森走得那么远，但坐在雪橇上呼吸着清冽的空气，沐浴着微暖的阳光，整个人好似飞翔的鸟儿，这种惬意却是当年小心翼翼的南森所体会不到的。

格陵兰岛上的大部分居民都是爱斯基摩人和欧洲人的混血种，他们体形修长，长着蓝眼睛与黄头发。而土著爱斯基摩人长得很像蒙古人，个子矮矮的，皮肤黄黄的，还长着一头黑发。"爱斯基摩"一词是由印第安人首先叫起来的，意思是"吃生肉的人"。在历史上，印第安人和爱斯基摩人闹过很多矛盾，这一名称显然含有贬义。因此，爱斯基摩人并不喜欢这个名称，他们称自己为"因纽特"或"因纽皮特"人，在爱斯基摩语中的意思是"真正的人"。

爱斯基摩人的忠实的朋友就是爱斯基摩狗，它们是拉雪橇的生力军。爱斯基摩狗体形大小不一，颜色各异，尾巴向上翻卷着，很是漂亮。它们的最大特点就是耐得严寒，在-57℃低温的雪地里，也能安然入睡。爱斯基摩狗的另一个特点是体力非常强健，它们拉着雪橇在冰上每小时可行32千米，如果主人催得紧一些，狗群可以连续不停地奔跑18个小时。

爱斯基摩狗冬季能拉雪橇，夏天能驮东西，还能帮助西部的爱斯基摩人拖船拉纤。冬季里捕捉海豹时，爱斯基摩狗能够帮助主人寻找到海豹的呼吸孔；而在冰原上打猎时，一旦遇见麝牛或北极熊，爱斯基摩人就会放开雪橇上的狗让狗群去围攻猎物，等到把猎物拖得筋疲力尽，猎人再上阵射而杀之。外出狩猎时如果迷了路，或者断了粮，爱斯基摩狗都能救猎人一命。对于这样的狗，爱斯基摩当然是视为宝贝一般。而已经定居下来的爱斯基摩人，不再出外打猎，对狗的感情便淡薄了许多，甚至有人专门养狗吃肉。

在满岛皆冰的格陵兰，爱斯基摩人住的房子也因为独具特色而成为吸引游人的一大亮点。这种房子名叫"冰屋"，开凿在冰山之中，用大块的冰砌成半圆形，还设有"冰窗"与"挡雪墙"，与中国北方的窑洞颇为类似。冰屋十分漂亮，只是冷得要命，爱斯基摩人之所以可以长年住在冰屋里，那是因为他们有一件护身宝衣——"阿奴拉古"。阿奴拉古是用驯鹿皮缝制而成的。驯鹿皮取来后，要先由爱斯基摩女人用嘴咀嚼，嚼得越好越保暖。经过这道工序后，阿奴拉古就会变得风吹不透，雨打不湿，穿着它在零下几十度的冰天雪地里睡觉也能安然无恙。

爱斯基摩人耐寒的另一大原因，在于他们喜食生肉。他们将猎取到的动物，不管是羊、鹿、海豹、狐狸、鲸鱼、北极熊，还是格陵兰大比目鱼和鲑鱼，一律活剥生吞。吃了大量的生肉，便能产生出足够的热量来抵御严寒。

来到格陵兰岛上，现代人都想亲眼看一看爱斯基摩人原汁原味的传统生活，然而这个愿望越来越不容易实现了。在汹涌的现代化大潮的裹胁下，爱斯基摩人只用了几十年的时间，就告别了相当原始的传统生活，一跃进入了文明社会。以前住的冰屋基本上已不复存在，代之以装有下水道和暖气设备的木板房子；用海豹皮做成的小船进了博物馆，代之以水上摩托；人们大部分都开上了汽车，狗拉雪橇很少使用，爱斯基摩狗因此失了业。为了抵御冬天的严寒，阿奴拉古还是要穿的，但外边却要罩上了色彩鲜艳的尼龙布。过去要用海豹或鲸鱼油点灯取暖，爱斯基摩人就得学会狩猎的本领，如今电力得到普及，还有一些外资公司需要本地雇员，于是一些爱斯基摩人就过上了白天上班，晚上看电视的生活。爱斯基摩人的生活变化速度之快，不能不说是当代世界的一大奇迹，但因此而丢失的东西会给这个民族的未来带来什么样的影响，现在还没有人能说得清楚。

静听水声淅沥

细观奇石怪岩

分享大自然的灵动之气

黄石国家公园

Yellowstone National Park

世界上第一个自然保护区

最著名的野生动植物庇护所

世界上最壮观的国家公园之一

Yellowstone National Park

地理位置:位于美国西北部怀俄明、蒙大拿和爱达荷三州交界处,坐落在北洛基山和中洛基山之间的熔岩高原上,绝大部分在怀俄明州的西北部,海拔最高处为2438米。

自然概况:总面积达8956平方千米,森林占全园总面积的90%以上,水面占10%左右。园中最大的湖是黄石湖,湖岸周长约180千米;最大的河是黄石河,全长97千米。

气候条件:属温带半干旱气候,寒冷而干燥。1月份平均气温为-11℃,7月份平均气温为15℃。年均降水量只有66毫米。

动植物分布:这里是美国最大的野生动物庇护所,拥有众多种类的野生动物,如野牛、驼鹿、羚羊、大灰熊等,还有秃鹰、天鹅、沙丘鹤、白鹭、鹈鹕等猛禽水鸟。

资源特产:当地最大的自然资源数喷泉,有3000多个。

游览须知:园内公路全长近200千米,到这里游览必须乘坐汽车。整个公园设有五个入口。园内24个游览中心都设有博物馆、咨询处及休息场所。美国法律规定,这里的动植物不许受到任何伤害,就连采摘野花也是犯法的。自然引起的山火,只要不危及人的生命或设施,不越出公园边界,一概不加扑灭。

如果说黄石公园是画家画出的一幅画，那么这位画家肯定对黄色情有独钟。走进黄石公园,最显眼的就是黄色,不光岩石是黄的,树也是黄的,连水面也被染成了黄色,黄石公园的这个“黄”字真是名副其实。

黄石公园的这个“黄”来自这里含有较浓酸性成分的水。由于酸性水的长期侵蚀,很多树木枝叶脱落,渐渐枯死,变成了黄色化石,岩石则被地下水涂上了一层浓浓的黄色,那些地下水汇集到一处,又形成了一片片金黄色的水潭。

黄石公园不光有黄色，还有极为丰富的色彩。纵贯公园北部的黄石峡谷全长24千米,深400米,宽约500米,谷窄且深,两侧的岩石在橙黄色中杂以红、绿、紫、白多种颜色,好似两条曲折的彩带,好像用油彩涂成的一般,毫无顾忌地暴露在风吹日晒之中,颜色依然是那样五彩缤纷。峡谷中有一堵用黑曜岩构成的悬崖,如同一面玻璃墙镶嵌在半空中,迎着日

Yellowstone National Park

Yellowstone National Park

光望去，熠熠闪烁，光彩夺目。峡谷中还能够见到一大片黄色的“石化森林”，它们是亿万年前形成的，与黄石峡谷的形成年代相仿佛。

黄石峡谷中流淌着黄石河，它是美国境内唯一没有水坝的河流。由于这里地势高峻，水源充沛，在4000米的长度内就有300多米的落差，于是形成了两道壮丽的瀑布，轰鸣着泄入大峡谷。这两条瀑布一个有130米高，称为上瀑布；另一条有100米高，称为下瀑布，它的落差达94米，比著名的尼亚加拉瀑布还高一倍。站在峡谷腰部的一个平台上望去，黄色的山岩层层叠叠，两条瀑布像白练一般挂在天际，水汽从谷底直上半空，彩虹横跨绝壁，非常壮观。

黄石公园中到处都是嶙峋的岩石，千姿百态，美不胜收，而远比这些更美更奇的是这里的水景。清澈的溪流中鲑鱼力争上游，迷人的黄石湖面上独木舟往来游弋，宛若童话世界。黄石湖是园中最大的湖，也是美国最大的高山湖。还有那一处处五颜六色的水潭，那是原始藻类用有机色素描画出的画面。

这里最负盛名的景观是园中的3000多个喷泉，其中间歇喷泉就多达300多处，占全世界间歇喷泉总数的一半以上。这些喷泉都各有名字，如“诚实喷泉”“孤星喷泉”“楼阁喷泉”“狮群喷泉”“女巨人喷泉”“白圆顶喷泉”等等。“狮群喷泉”得名于它的声音，每次喷水前先喷发蒸汽，同时发出如同狮子吼叫一般的声音。“诚实喷泉”则得名于它的频率，它平均每隔65分钟就喷发一次，每一次持续5分钟左右，100多年来一直准时无误。它喷出的巨大水柱高达55米，滚热的泉水遇到冷气后又凝结成白色的云雾，悬浮在空中，徐徐飘落。为了目睹这一世界奇观，每年都有大批游客蜂拥而至。

“诚实喷泉”一次喷过后，管理人就会在观众的欢呼声中，将它下一次喷发的时间写到木牌上，可见它是何等“诚实”。可是如今的“诚实喷泉”已经不“诚实”了，间隔的时间和每次喷发持续的时间都变得时长时短。这种变化实际上是地质情况发生变化的反映。黄石公园的下面埋藏着一座世界上极少有的“超级火山”，在过去的1700万年中，它先后有过142次大规模的喷发，由此造就出黄石公园的雄奇与壮丽，有人称之为“水与火构成的自然界奇异景色”。“诚实喷泉”的异常是一个不祥的信号，表明这里的地下火山又有“苏醒”的可能。为了慎重起见，目前黄石公园的部分地区已经关闭。

黄石公园这一带原来是荒山野岭，人迹罕至，直到19世纪的后半叶，随着南北战争的结束，美国的领土向西部推进，洛基山区的壮丽景色才渐渐为人所知。尤其是看了摄影家威廉·杰克森的照片和画家汤玛斯·莫然的素描作品后，人们更是眼前一亮，恨不得马上动身去那里一览神奇的风光。就在趋之若鹜的势头形成之前，美国的有识之士看到了其中的隐忧，便推动国会通过建立黄石国家公园的法案。1872年3月1日，美国第18任总统格兰特签署了“黄石公园法案”，美国的第一个国家公园从此诞生，它也是世界上第一个国家公园。

黄石公园建成后，这里成了世界上最著名的野生动植物庇护所，濒临灭绝的灰熊、白头海雕与山猫在这里都能安全地延续着自己的种群。但是人类对于动物也有好恶，比如鹿人们觉得可爱，就愿意保护，狼曾被不公平地当成

魔鬼，人类不仅不想保护，还欲杀之而后快。尽管狼是处于食物链顶端的掠食猛兽，却远远不是猎枪的对手。到了1924年，随着两只小狼在苏打岗被射杀，就宣告了黄石公园中狼的绝迹。

狼群的全部被歼，曾让这里的牧场主们欢欣鼓舞，却不料想引起了生态危机。由于没有了天敌，这里的鹿群大量繁衍，它们大肆吞食青草和树叶，对森林和草地造成了极大的破坏。科学家们发现，狼与鹿之间存在着一种独特的关系，它们一起奔跑在旷野上，共同演绎着优胜劣汰的自然规律。狼总是选择鹿群中的老、幼、病、残下手，甚至高明到先在所要捕猎的鹿腿上咬个记号。有了狼的存在，鹿群不仅数量受到控制，而且种群的质量也能维持在较高的水平。为了重新恢复自然界原有的平衡，从1995年到1997年，黄石公园耗资百万美元，引进了31只从加拿大捕获的大灰狼以及10只来自蒙大拿冰川国家公园的幼狼，将它们放归到黄石国家公园野外。

狼群的引入很快就带来了预期的效果，伴随着狼的快速繁殖，这里的鹿从2万头下降到了1万头，森林和草地得到了有效保护，保护区内重新呈现出生机勃勃的景象。

在环保意识普遍加强的今天，回过头来看已有100多年历史的黄石公园，不能不佩服美国人的远见卓识。国家公园就是一个自然保护区，它所保护的不仅是区内的动植物与自然景观，也维护了生态平衡。黄石公园出现后，世界各国纷纷效法，先后建立了上万个自然保护区，仅中国就有1000多个，普遍占到各国领土的10%以上。如果说蒸汽机的出现改变了人类生活，那么自然保护区的出现其意义绝对不亚于蒸汽机，而它给人类带来的福祉将绵延千秋万代。

Crand Canyon Colorado

科罗拉多大峡谷

世界上最壮观的侵蚀地貌

世界陆地上最长的峡谷之一

有『活的地质史教科书』之称

Crand Canyon Colorado

地理位置:位于美国亚利桑那州西北部科罗拉多河中游,坐落在凯巴布高原的西南部,属于科罗拉多河河谷的一部分。

自然概况:起于马布尔峡谷,终端为格兰德瓦什崖,全长 446 千米,最窄的地方仅 100 米,最宽的地方达 29 千米,平均谷深 1600 米。两侧的谷壁呈阶梯状。总面积 2724.7 平方千米。大峡谷分南、北两岸,南岸的大部分地区海拔 1800 米~2000 米,北岸比南岸高 400 米~600 米。

气候条件:属干旱半干旱的高原气候,干爽温和,夏季最高温度为 40℃以上,年温差高达 25℃。南岸年平均降水量为 382 毫米,北岸为 685 毫米左右。北岸的气候比南岸冷,冬季下大雪。

动植物分布:在大峡谷中有 75 种哺乳动物、50 种两栖和爬行动物、25 种鱼类和超过 300 种的鸟类。还有 1500 多种植物,主要以各种造型美观的松树为主。

资源特产:当地主要作物是棉花,主要矿产是铜。

游览须知:南岸每年 5 月中旬~10 月中旬对游人开放,北岸全年开放。

一本看不完读不尽的"天书"

地球上令人惊心动魄的自然奇观并不太多,科罗拉多河上的大峡谷就是其中比较突出的一个。据说它是地球上唯一能够从太空中用肉眼观察到的自然景观,因此名列世界七大自然奇景之首。

有幸到过科罗拉多大峡谷的人,无不由衷地赞叹这地球上的奇迹。1890 年,美国探险家约翰·缪尔在游历完大峡谷后,这样写道:"不管你走过多少路,不管你见过多少名山大川,这个科罗拉多大峡谷,色调是那么新奇,结构是那么宏伟,仿佛只能存在于另一个世界,另一个星球。"

当代美国作家弗兰克·沃特斯则做出这样的评价:"这是大自然各个侧面的凝聚点,也是大自然同时展现的微笑和震怒,在它的内心充满如生命宇宙脱缰的野性愤怒,同时又饱含着愤怒平息后的清纯,这就是创造!"

究竟是大自然怎样的鬼斧神工,才创造出让世人如此倾倒的奇观呢?原来,大峡谷的雕塑者就是科罗拉多河。这条河发源于科罗拉多州北部的洛基山脉,从 3050 米的高山上倾泻而下,一直流到加利福尼亚入海口。这条怒涛激荡的大河每天携带着上百万吨泥沙碎石,仿佛伸出一把把锋利的长锯,日日夜夜地切割着高原斜坡上的岩石。印第安人至今仍将科罗拉多河发出的声音称为"愤怒的吼叫"。经过几百万年的耐心冲刷,科罗拉多河先后在坦如桌面的高原上刻凿出

黑峡谷、峡谷地、格伦峡谷，布鲁斯峡谷等 19 个峡谷，最后在凯巴布高原上再次演出水滴石穿的好戏，造就出这条水系所有峡谷中的“峡谷之王”。

科罗拉多大峡谷好似一本世无其匹的巨书立在大地上，它的每一页都在讲述着桑田沧海的故事。从谷底向上，有古老的花岗岩、麻片岩和火山岩等，陡峭的谷壁层层叠叠，形如阶梯，那奇异的结构和花纹中，隐约记载着地质史上最古老的年代。大约在 20 亿年前或更早的时候，这些岩石就已经在这里形成了。谷壁上岩石的断层，都以水平层次清晰地袒露出来，就像万卷诗书构成的曲线图案，缘山起落，循谷延伸。崖壁上出露着从前寒武纪到新生代的各个时期的岩系，并含有代表性的生物化石，所以被称为“活的地质史教科书”。对于地质学家来说，科罗拉多大峡谷就是一本永远看不完读不尽的“天书”。

科罗拉多大峡谷又好似一幅壮美的画卷，在天地之间挥洒着粗犷而美丽的巨大笔触。沿着大峡谷走去，两岸的巨岩断层接连呈现出光怪陆离的百态杂陈。有的地方宽展，有的地方狭隘；有的地方尖如宝塔，有的地方堆如础石；有的如奇峰兀立，有的如洞穴天成。当地人根据它们的形态特征，分别冠以一个个美好的名称，如“狄安娜神庙”“波罗门寺宇”“波罗神殿”等。北岸的“天使窗”是一面山峰上出现的一个通天空洞，南岸的“美德岬”好像古代将军挂印拜帅的将台，都是名传天下的景观。

最让人眼花缭乱的是这里的色彩，整个峡谷壁就像一块五彩斑斓的调色板，一块块鲜红，一团团黝黑，一片片铁灰、一方方深褐，五彩缤纷，美不胜收。尤为神奇的是，谷壁的色彩还会随着天气阴晴的变化而变化。在阴霾的日子里，大峡谷中像是弥漫着紫色的烟雾；旭日初升或夕阳斜照时，这里的山山水水尽染成红色和橘色。由于大峡谷天气多变，时而骄阳直射，时而风雨大作，大峡谷的风光就随之变幻莫测，气象万千。

是谁有如此高明的手段把这里的山石都染上了颜色？还是大自然。说起来并不奇怪，大峡谷岩石中所含矿物质各有不同，在阳光的照射下就会呈现出不同的色彩。比如铁矿石会呈现出红、黑、棕色，石英会显出白色，其他氧化物则会呈现各种暗淡的色调。

面对大峡谷如此丰富而变幻无穷的色彩，才华横溢的大画家也会自惭形秽，也许这个时候只有音乐家能够大显身手。1920 年，有美国“音乐山水画家”之称的作曲家格罗菲游历了大峡谷后，激起了强烈的创作欲望。此后他用了近 10 年的时间，多次前往大峡谷观察、体验，创作出了《大峡谷》交响组曲，被称为“一部用音符写成的游记”。聆听这部作品，你的眼前一无所见，却能用心灵感受到大峡谷的雄伟、壮观和变幻无穷的美。

大峡谷中有着极为丰富的野生动植物资源，整个国家公园就是一个动物大乐园。黑尾鹿、豪猪、大角羊、松鼠和响尾蛇都是这里比较常见的住户。有意思的是，科罗拉多河两岸的动植物有着很大差异。以松鼠为例，北岸松鼠黑色腹部白尾巴，而南岸松鼠则是白色腹部黑尾巴，颜色正好相对，不知道这里是否透露出大自然的玄机。

科罗拉多大峡谷并不是世界上最深的峡谷，然而它那恢弘肃穆的气魄却让人类感觉到自身的渺小。乘坐直升飞机从空中鸟瞰它的雄伟，你会惊诧大地的胸膛上为什么会撕出这样一个大口子。站在大峡谷的边缘，尽管这里安装了栏杆，俯视脚下那空旷宽阔的无底深渊，仍不免让人胆寒脚软。这不单纯是恐惧，而是一种难

胡佛水坝

Crand Canyon Colorado

胡佛水坝

以名状的震慑。科技再进步，科学再昌明，也无法克隆出这样一个大峡谷来。这当然不是人类的悲哀，清醒地对待大自然的伟力，会让人类更好地找准自己的位置。

大峡谷的发现与保护

科罗拉多大峡谷的岩石有着地球一半的年龄，而人类是这里最迟到的主人，直到 13 世纪，才有印第安人在这一带安下家来，这有他们居住过的泥墙小屋的废墟为证。1541 年，来这里寻找黄金的一个西班牙远征队成为发现大峡谷的第一批白人，他们想走到谷底去，结果一连走了三天也未能如愿，只得承认这是一个不可逾越的鸿沟。他们对这条大峡谷的贡献就是用西班牙语命名了科罗拉多河，意为“红河”，其来历是河中夹带着大量泥沙，河水常显红色。由于科罗拉多河川流其中，这条大峡谷就自然得名科罗拉多大峡谷，也常称大峡谷。

1842 年，美墨战争后结束后，墨西哥将包括大峡谷在内的大片地区割让给美国。1869 年，在美国南北战争中失去一条手臂的炮兵少校约翰・鲍威尔，率领一小队人马分乘四艘小船，沿着未经勘察过的科罗拉多河漂流而下。这一路上险象环生，暗礁险滩将木船撞碎，人被激流卷走，有三个人因为害怕中途逃跑，有三个被印第安人杀死，鲍威尔靠着独臂攀上崖顶才得以死里逃生。

这次探险历时 98 天，它的成果就是使得大峡谷所在的那一大片土地在地图上不再是空白。后来，鲍威尔把他的这段惊心动魄的经历写成游记，公开发表，广泛流传，引起了美国朝野的重视。1903 年，时任美国总统西奥多・罗斯福来这里游览，发出了这样的感叹：“大峡谷使我充满了敬畏，它无可比拟，无

Crand Canyon Colorado

法形容，在这辽阔的世界上，绝无仅有。”

1908 年，由罗斯福总统提议，在大峡谷建立国家纪念公园。然而，由于当时交通不便，能够亲眼目睹大峡谷景致的人毕竟太少，这个提议没有被通过。1919 年 2 月 26 日，威尔逊总统批准将大峡谷的一部分辟为国家公园，划入园中的总面积达 1100 多平方千米。从此，这里的一草一木都受到国家的保护。据说，从 1919 年以来，这里的树木没有被砍伐一棵，相反还种起了一片片森林。

当然，人类对科罗拉多大峡谷谈保护，并不是说它像濒危动植物那样需要人类去呵护，而是警戒人类不要试图改造它。大峡谷为世人所知后，有人曾提出要在大峡谷上建造水库，罗斯福总统说了一句令后人思索良久的话："任何人的干预只会破坏大峡谷，这里既然是上帝的杰作，那么也等上帝来改变它吧！"

应该说美国人并没有完全忘记老罗斯福总统的话，1936 年在大峡谷上建起的胡佛水坝距离大峡谷国家公园有相当一段路程。这座水坝高 220 米，相当于 60 层的摩天大楼，底宽 200 米，顶宽 14 米，堤长 377 米。这样巨大的水坝在世界上是不多见的，宛如一条巨龙盘卧在大地上，显得十分威武。水坝竣工后，又一位罗斯福总统前来剪彩。他不是那位西奥多·罗斯福，而是富兰克林·罗斯福。

胡佛水坝的建设不能不对大峡谷的自然景色有所改变，如果不会引起生态灾难，与它的贡献相比，些小的变化完全可以忽略不计。更何况，水坝建成后出现了一个周长 840 千米的密德湖，碧波浩渺，一望无际，新造就的景色也很优美。密德湖是西半球最大的人工湖，不仅能够为这个干旱地带提供宝贵的水源，还能利用水力发电，供应太平洋沿岸的西南部大部分地区。

如今，大峡谷每年要接待450多万游客。为了便于人们观赏大峡谷的风光，峡谷的南岸建有瞭望台，这里配有旋转望远镜，游人借此可以将大峡谷一览无余。如果你想到谷底看一看，那就乘坐小型电动机车沿着“光明天使小道”来到谷底，再雇一头驴子，让它驮着你做一次寻幽探险的漫游。当地的印第安人还在科罗拉多河上开行电动旅游船，载着游人沿河观览。这些活动自然是要收费的，这也无可厚非，问题是人们担心当地人或外来的投资商，会不会光顾着赚钱，就盲目地上一些可能破坏自然景观的项目。前些年，印第安人想用飞机将游客送入大峡谷，又想从谷底到谷口修建客运缆车，但都饱受批评。因为大峡谷上空飞机班次太多，噪音影响了这里的安宁，环保主义者甚至上诉到美国联邦法院。

前不久，有人在大峡谷内建起了一个惊险刺激的“人造景观”，又引起一场轩然大波。这个所谓“景观”就是从悬崖边伸出一个30多米长的巨大马蹄形玻璃走廊，游客们走上地板全部透明的观光台向下一看，就能欣赏到“前所未有的最刺激景色”。反对者认为，这个东西会干扰人们体验大自然的美景。大峡谷有着世间最完美的魅力，无需任何人工雕琢。假如这样发展下去，地球上的所有自然美景都布满了人工的痕迹，那该是谁的悲哀呢？这个争论不知会如何了结，在对待自然环境这个问题上，无所作为也许要比急功近利好一些。

Zion National Park

锡安山国家公园

以色彩艳丽的峡谷著称
被称为“上帝的天城”
曾是摩门教拓荒者的圣地

如果说科罗拉多大峡谷是科罗拉多河勇往直前的杰作，那么它的支流维尔京河也不甘落后，在锡安山中奋力冲刷出了一条迂回盘转的峡谷。这条峡谷的长度远远不及科罗拉多大峡谷，但险要的程度丝毫不让。谷壁陡直，几乎与地面成垂直状态；险象环生，经常有石块塌落，难以攀援。谷内最狭窄的地方，一人站立，伸手即可触及两侧谷壁。仰头望去，两边赭色的巨石扶摇直上，头上的蓝天被挤成了一条线。峡谷中还有几处微凹的直槽，好像天然的石檐遮在头顶，更加令人叹服大自然的神奇造化。

和科罗拉多大峡谷一样，锡安山峡谷也以岩石色彩的绚烂而著称于世。站在谷底望去，从鲜艳的深红色、淡玫瑰到粉色，似乎是随意涂染着那高耸的峭壁和令人望而生畏的穹丘。加上周围的白杨、栲木和枫树的新绿，以及崖壁上的植被与地衣的嫩绿，再让阳光一照，顿时流光溢彩，明艳动人。

每当太阳升到头顶上时，峡谷中的维尔京河就映进了这一片片斑斓的颜色。平日里，维尔京河清澈平和，波澜不兴，好似一位温情脉脉的少女，但这并不是它的本来面目。它的源头位于2700米的高处，流经320千米汇入密德湖，高度只剩下300米，坡度达到每千米10米~15米，成为北美洲一条河床最陡峭的河流。每逢倾盆大雨，山洪暴发，维尔京河就像一个发怒的巨汉，一抬手一顿足就将巨石、大树倒卷而去。在锡安山峡谷北端狭窄处，形成了著名的维尔京隘口，奔腾的河水在这里夺路而出，大大小小几百条瀑布从几百米的悬崖上飞泻而下，雷鸣般的响声震耳欲聋。远

地理位置：位于美国犹他州西南部，在赌城拉斯维加斯以北约125千米处。

自然概况：整体占地面积为6070平方千米，其中1919年所辟的国家公园占地593平方千米。主要风景集中在锡安山峡谷，长约24千米，宽不到1000米，最窄处不到2米，深达2000米~3000米。

气候条件：属内陆高原气候，干燥少雨。1月份平均气温为-1.5℃，7月份平均气温为23℃。年均降水量为380毫米。

动植物分布：这里有将近800种植物、75种哺乳类动物、271种鸟类、32种爬行类和两栖类以及8种鱼类。此地还栖息着长耳鹿、金鹰、山狮和一些稀有物种。

资源特产：主要农产品有牛、乳制品、甘草等。主要矿藏有铜、金、银、铅、锌和钼等。

游览须知：为防止污染，每年3月~10月间禁止外来车辆从南口进入园内，游人可乘坐公园提供的大型车辆。

远望去，珠帘垂挂，既美丽又壮观。站在这里，人们不难体会到泡沫飞溅的维尔京河如何能够在坚硬的岩石上切割出一条深深的山谷。刻凿在崖壁上如同行云流水般的曲线，仿佛在默默地诉说着那年代悠久的地质故事。

锡安山峡谷中最为引人注目的景观是一座高达 700 多米的孤峰，名叫“大白皇座”。它从谷底平地而起，巍然耸立，底部为红色，向上逐渐变为淡红、白色。孤峰顶部十分平坦，绿树葱茏。整个“大白皇座”气势庄严，就像一块华美的玉柱，矗立在峡谷之中。

锡安山峡谷中还有不少有名的景观，如威斯特教堂，它高出峡谷底部 1158 米，坐落在公园中的最高峰马场山上。位于峡谷西壁的维尔京塔峰是一组砂岩峰，峰顶如锯齿状排列，连绵不断。位于公园东门内不远处的棋盘山，山体宏大，上面纵横交叉地雕刻出许多方块，俨然如一老翁当坐，面对着记载着天地初创秘密的对弈棋局。锡安山峡谷中的泪水岩闻名遐迩。泉水从高处岩石上流出，沿着地表下淌，就像从悬崖上滴下的泪水。类似的景观在这里还有不少，只不过滴下的水马上就被生长在坡上的植物所吸收。

与科罗拉多大峡谷相比，锡安山峡谷只能算得上一个盆景，但它绝无玲珑剔透的感觉，刀劈斧斫的粗犷线条，显示出它那未被驯服和异化的朴拙生猛。而对于攀

岩爱好者来说，这种粗野的风格最受欢迎。诸如“触金石”“月华拱壁”“太空火箭”“浪子壁”等，常常吸引他们一试身手。望着他们沿着光溜溜的峭壁往上攀爬，不能不让旁观者对这些敢于挑战极限的人表示钦佩，同时也替他们捏了一把汗。在这里攀岩无须事先审批，但是要想在岩石上宿营，那就需要提前提出申请。到了春季，有些岩石便会禁止攀登，为的是留给山中的猛禽在上边筑巢育雏。

锡安国家公园中还有一条科罗布峡谷，坐落在锡安峡谷的北边。这条峡谷中有一个天然形成的拱门，横跨在峡谷上方，长达 94.5 米，是世界上最大的天然拱门。不过，想要目睹它的风采并不容易，需要走一段单程约 11 千米的山路才行。

锡安山公园的美景集中在锡安山峡谷里，而锡安山峡谷的景色又四季各异。春天百花争艳，引人来踏青；夏季万木争荣，引人来避暑；秋天遍山红叶，引人来漫步；冬天银装素裹，引人来赏景。美国人一向以这里的美景为荣，将它称为“美丽的美国”。

锡安山中还有一个一年到头都让人着迷的景色，那就是峡谷中成群结队的黑尾鹿。幼鹿出生后，母鹿会带着幼鹿离开鹿群一段时间，单独喂养。母鹿不时地舔掉幼鹿身上的气味，以免食肉动物发现它们的踪迹。在园中游览时，游客们时常会发现单独的幼鹿，但不要上前抚摸，它的母亲很快就会回来，很可能会误解你的友好表示。

熟悉犹太文化的人，对于“锡安”这个名字毫不陌生。在圣城耶路撒冷就有一座锡安山，古犹太国王大卫在山上建起了犹太教的圣殿，从此锡安山就成为犹太教的圣地和历代犹太人向往的地方。美国的锡安山跟犹太文化并无瓜葛，却与印第安文化有着深厚的渊源。早在公元前 500 多年，印第安人就在这里耕种土地。

Zion National Park

Zion National Park

1776年,多明格斯与埃斯卡兰特这两位教士穿过科罗布峡谷来到这里,成为最早踏足此地的白人。

1850年前后,摩门教拓荒者来到这一带,砍伐树木,放牧牛羊,建设家园。摩门教的正确名称是“耶稣基督后期圣徒教会”,除了《圣经》,它的标准经典还包括摩门经,所以外人就用“摩门教”或“摩门”来称呼它。摩门教虽然自称为基督教,却不为美国的主流宗教基督教(新教)所容,教主被杀,教徒们只得逃到美国中部的犹他州。如今的盐湖城就是摩门教总会所在地,这座城市是摩门教早期教徒凭着对神的信心开拓而成的,这在全世界的城市发展史上极为特殊。

大约在1860年左右,摩门教拓荒者发现了锡安峡谷,便用“锡安”为它命名,意思是“上帝的天城”。峡谷中的许多大石头,也都用《圣经》中出现过的名字来命名。锡安峡谷北边的科罗布峡谷取名于摩门教的经典《无价珍珠》,意为“最近天主居住地的恒星”。此后,锡安峡谷就成了摩门教的圣地,摩门教徒们常常不辞千辛万苦,长途跋涉,前来拜谒这座神秘的圣山。

如今的锡安山早已失去了昔日的宗教色彩,但它落入凡间后却不失其“人间天堂”之美。漫游在这一带的林间水边,静听水声淅沥,细观奇石怪岩,也许会引发你的哲思,分享到一份大自然的灵动之气。

Carlsbad Caverns National Park

卡尔斯巴德洞穴国家公园

世界上最长的山洞群之一
拥有世界上最深的溶洞之一
拥有世界上最大的地下会所

Carlsbad Caverns National Park

地理位置:位于美国新墨西哥州东南部的吉娃娃森林内,坐落在佩科斯河西岸。

自然概况:整个面积为189平方千米。迄今探查到81个洞穴,最深的洞穴位于地表以下305米,整个洞窟群长达近百千米。1930年5月14日这里被辟为国家公园。

气候条件:气候炎热干燥,年平均气温为12℃,最高温度达43℃,最低温度-2℃,但洞穴内冬暖夏凉。年均降水量接近1000毫米。

动植物分布:洞中栖息着数百万只蝙蝠,另有资料称洞中的蝙蝠为100多万只。其中最大的是尖耳獒面蝠,翼展50厘米。

资源特产:矿产有石油、天然气、铜、煤、铀等。农作物有小麦、玉蜀黍、豆类、甘草和高粱等,棉花是当地主要经济作物。

游览须知:在夏季干旱周期里,用水将受到严格限制,在野外必须注意防火。

Carlsbad Caverns National Park

美国的新墨西哥州水资源匮乏，且不说沙漠中的红岩峭壁，就连那绿色的仙人掌也在默默地提示着获取水的艰难。不过，新墨西哥州的地下水储量却非常大，到目前为止还没有办法确定其多少。新墨西哥州宏伟的地下景观卡尔斯巴德溶洞，就是地下水不断侵蚀石灰岩所造成的。

根据地质学家的观点，卡尔斯巴德洞穴的故事始于25亿年以前。那时候，洞穴所藏身的瓜达鲁普山还是一片厚厚的石灰岩。无孔不入的水像调皮的孩子，钻进石灰岩中的裂隙和裂缝里，东扭西扭，溶解了松软的石灰岩，开凿出一个个大洞小穴来。后来，沉积的石灰岩在地质活动中被抬升，形成了瓜达普鲁山，山中的溶洞也跟着抬升，水从洞穴中流出，淅淅沥沥地向下滴去，其中含有的微量矿物质逐渐形成了石笋、钟乳石以及其他千姿百态的滴水岩造型。

卡尔斯巴德洞穴分为三层：瓜达鲁普山体内地上330米处为一层，山体内地上250米处为一层，地下200多米处还有一层。这三层洞穴共由81个独立的洞窟组成，其中最大的一处比14个足球场面积的总和还大，深达596米，长度为全美国第三。整个洞窟群长达百余千米，是世界上最长的山洞群之一。由于卡尔斯巴德洞穴群体积庞大，人们利用它的自然条件建成了有世界上最大的地下会所，全年都可以为旅游观光者提供服务。

卡尔斯巴德洞穴内部四通八达，曲折萦回，要把所有洞穴都游览一遍，需要几天的时间。通常的游览路线有两条，一条长32千米，另一条长4.8千米。前一条很少有人光顾，

游人们大多选择后者。进入山洞后，沿着山腹中的通道，走过一个接一个的"之"字形坡道，一直深入到地下253米处，就可以到达一个名叫"绿湖厅"的洞穴，它也是卡尔斯巴德洞穴群中最深的一个。洞中央有一个水潭，呈现出碧绿的颜色，"绿湖厅"的名字就由此而来。这个洞穴中布满了精美的钟乳石，其逼真的形象很容易引起人们的遐想。一道从洞顶倾泻而下的小瀑布，贴着浑圆钟乳石漫流而下，好像给含羞的美人遮上了朦胧的珠帘，于是它便得名"蒙上面纱的雕像"。

"绿湖厅"中还有很多由钟乳石构成的景观。"皇后厅"中的钟乳石相拥而立，形成了一道光线能够照透的石幕。"太阳寺"的滴水岩由一排排钟乳石组成，颜色有黄、粉、蓝不等，在灯光的照射下，散发出柔和的光辉，好似迷离的梦境。"忸怩的大象"酷似一头从背部到尾部的大象，其神态仿佛羞见世人。著名的"老人岩"是一个巨大的钟乳石笋，它孤独地站立在黑暗的壁龛中，却不失其雄伟的本色。"巨人行"中三个巨大的穹形石笋并排而立，好像在专心致志地站岗放哨。"王宫"高大而宽敞，颇有皇宫气派，长长的钟乳石从它的"天花板"上倒垂下来，产生出令人炫目的感觉。

世界上最长的洞穴系统不在卡尔斯巴德，而在美国肯塔基州的马默斯，那里的洞穴长达320千米，仅一个坦普尔溶洞就有55立方米(165×88×38)。不过，马默斯对游人的吸引力却远远不及卡尔斯巴德，其原因就在于马默斯缺少卡尔斯巴德卡那样绚丽多姿的钟乳石。除了形形色色的钟乳石外，卡尔斯巴德卡洞穴群中最奇异的景观还有石灰岩帷幕和洞穴珍珠。石灰岩帷幕精致无比，轻轻击打就会发出鸣响，但很少允许这样做，以防万一破坏了它不可复制的结构。洞穴珍珠的核心是一些小沙粒，外边穿上了一件碳酸钙"外衣"，更确切地说，它们就像雪球滚下山丘时越滚越大一样，最后形成了一个个小石球，好像一颗颗璀璨的珍珠。有趣的是，好多个洞穴珍珠躺在洼坑中，看起来很像孵鸟蛋的窝。

卡尔斯巴德洞穴群中有一个名叫“大堂”的洞穴，长1200米长、宽188米，高85米，四壁挂满了钟乳石幔，将它装点得好像一座豪华的宫殿。游人来到这里，可以尽情观赏石灰岩帷幕和洞穴珍珠的奇异和美丽。“大堂”内还有一根巨大的石柱，高18.6米，直径约6米，尤为奇特。

卡尔斯巴德洞穴群还有一个十分壮观的景象，那就是洞中栖息着百万只以上蝙蝠。每到黄昏来临时，这些蝙蝠就从昏暗的洞窟中倾巢出动，遮天盖地，令人瞠目结舌。更令人吃惊的是，尽管数量众多，洞口又很狭窄，但蝙蝠之间绝不会发生碰撞。这个现象引起了科学家的兴趣，要知道，蝙蝠的视力很弱，在黑暗中活动好像瞎子一般，它们是不可能依靠视觉来判断出自己的位置的。经过研究，科学家们发现，蝙蝠有一套极其复杂的超声波回声定位能力，依靠着这种能力，它们才能在黑暗中自如翻飞。

说起来你可能想象不到，这里的蝙蝠在第二次世界大战中差一点就成了效命沙场的勇士。那是珍珠港事件爆发时，美国有位名叫莱特尔·亚当斯的口腔外科医生正在美国西南部度假，刚好去过卡尔斯巴德洞窟国家公园，那里的蝙蝠给他留下了深刻的印象，便产生出这样一个大胆的想法：“为什么不能在数百万只蝙蝠身上装上燃烧弹，从飞机下释放它们呢？”

1942年1月12日，亚当斯医生向白宫提出建议，把蝙蝠用作“动物轰炸机”。当时，有很多美国公民向当局提出各种各样打击敌人的方法，但大部分建议都不成熟。幸运的是，亚当斯医生的建议受到了重视，并通过了最高层专家鉴定，由美国陆军化学战勤务局负责，与空军合作，一起研究“蝙蝠轰炸机”的可行性。

这项研究进展得很顺利，最后确定用肥尾皱唇蝠携带28克炸药，借助手术夹和某种结实的细绳，把炸弹固定在蝙蝠腹部。然后把这些“动物轰炸机”放到特制的投掷箱里，用飞机运送至目标上空，使用降落伞投掷。实战试验效果也不错，在最后一次试验中，模拟日本人村庄的房屋被彻底烧毁了。但是，美国海军的欧内斯特—金将军认为，在1945年以前，蝙蝠炸弹不可能参加战斗，无法对战局产生积极影响，于是下令停止了这项已经耗资200万美元的试验工作。亚当斯医生对此非常伤心，他认为，蝙蝠轰炸机的攻击威力巨大，很可能会超过1945年8月美国投向日本广岛和长崎的原子弹。

沃特顿——冰川国际和平公园

由美国和加拿大共同拥有
世界上第一个两国共建的公园
被誉为“北美洲的瑞士”

Wateron Glacier International Peace Park

Wateron Glacier International Peace Park

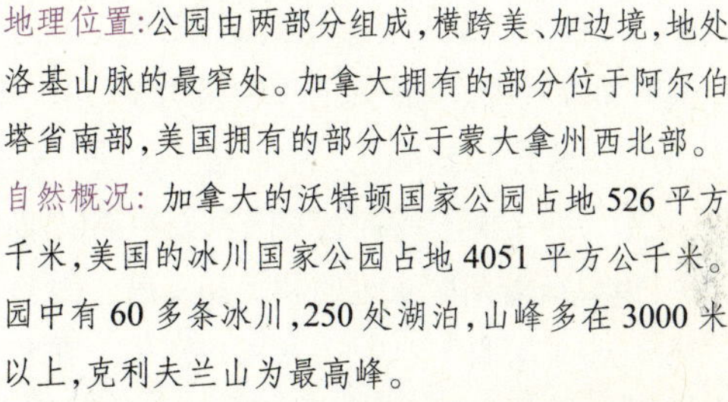

地理位置:公园由两部分组成,横跨美、加边境,地处洛基山脉的最窄处。加拿大拥有的部分位于阿尔伯塔省南部,美国拥有的部分位于蒙大拿州西北部。

自然概况: 加拿大的沃特顿国家公园占地526平方千米,美国的冰川国家公园占地4051平方公千米。园中有60多条冰川,250处湖泊,山峰多在3000米以上,克利夫兰山为最高峰。

气候条件:全年大部分时间都处在严寒之中,即使是夏季气温也很冷,而且经常出现突变,气温会骤降至0℃左右。降雨量分布极不均匀。

动植物分布:园内生长着1258种乔木、灌木和275种地衣植物,其中有18种是这里特有的。园中还栖息着60多种哺乳类动物,珍稀动物有美洲熊和美洲野牛等,公园内的鱼类有240种。

资源特产:美国一侧曾发现过金矿,加拿大一侧养牛业比较发达。

游览须知:遇到天气突变时,游人必须急速下山,而且要注意远离尖岩、峭壁、森林,以防遭遇雷击。

永不关闭的和平之门

在雄伟的洛基山脉中隐藏着一片净土，它是大自然以百万年的时间和心力雕凿出来的一件精美绝伦的艺术品，这就是素有“洛基山脉上的皇冠”美称的沃特顿—冰川国际和平公园。

这座公园原本分成两部分，加拿大境内的叫沃特顿国家公园，美国境内的叫冰川国家公园。沃特顿国家公园成立于1895年，冰川国家公园成立于1910年，分别位于加、美两国国界线的南边和北边。1931年，加拿大阿尔伯塔省和美国蒙大拿州的扶轮会会员在边界聚会，他们认为，这两个国家公园不论是自然景观还是动植物都极为相似，不应该以国界刻意一分为二，而应该统一到一个国际生态保护区下加以维护。在他们的不断努力下，第二年美、加两国国会分别通过法案，把这两个公园合并到一起，名字也捏合到一处，成为世界上第一个国际公园。从此，这座为两个国家所拥有的国家公园不仅使这一带的自然生态得到了更有效的保护，也象征着两国永远的和平和友谊。

加拿大和美国国界绵长，却不设藩篱。在和平公园中立有一处界碑，让人一脚即可横跨北美两大国。两国分界处还树立着一道石门，门的中央右边写着“于1814打开100年至1914年”，左边写着“希望此和平之门永不关闭”。

冰川国家公园的历史要从18世纪说起，而那时候这里却难见和平。当时，这里居住从北美东部迁移来的黑脚族印第安人。他们在漫长的迁移岁月中，辗转得

Wateron Glacier International Peace Park

到了西班牙人的高头大马和英法移民的火枪，使得原本就以凶猛勇悍而著称黑脚族人如虎添翼，周边那些手持长矛弯刀的部落根本不是他们的对手。没过多久，整个洛基山区就成了他们一家的天下，以流淌了无数的鲜血为代价，建立起了这个地区的无上权威。

黑脚族印第安人对于进入这片领土的白人充满了敌意，几乎是见一个杀一个。偷偷潜入这里捕猎河狸的白人总是心惊胆战，好像做贼一般，听到黑脚族的名字就会浑身吓得发抖。直到 1792 年，才有一个名叫彼得·费德勒的白人公开踏上这块土地。他是来自加拿大的一名商人，靠着黑脚族人随行，才得以平安通过。18 年后，又有一位名叫费尼安·麦克唐纳的白人，依靠萨里施人做向导，想从这个区域通过，结果遭到黑脚族战士的袭击，差点儿送了命。回去之后，麦克唐纳把他的所见所闻绘声绘色地描绘给别人，那皑皑的雪山，清澈的湖泊，遍地的野花，还有数不清的野生动物，简直是美不胜收。

这一地区的名声传扬出去后，便有一些白人来打它的主意，但黑脚族人的残忍好杀令他们望而却步，没有人敢深入它的腹地。直到 19 世纪后半叶，这种情形突然出现转机，黑脚族人感染上了白种人带来的多种传染病，造成大批大批的死亡，活下来的人还不足原来的四分之一，元气大伤，雄风不再。剩下的黑脚族人以为这就是天命，便对民族的命运听之任之。1896 年，穷困的黑脚族人将冰川公园内大分水岭以东的土地，以 150 万美元的价格卖给美国政府，他们自己则默默地住进了美国政府给他们安排的保留区内。

从当初渺无人烟的荒野，到如今游人众多的国家公园，它的开发历程充满了

圣玛丽湖

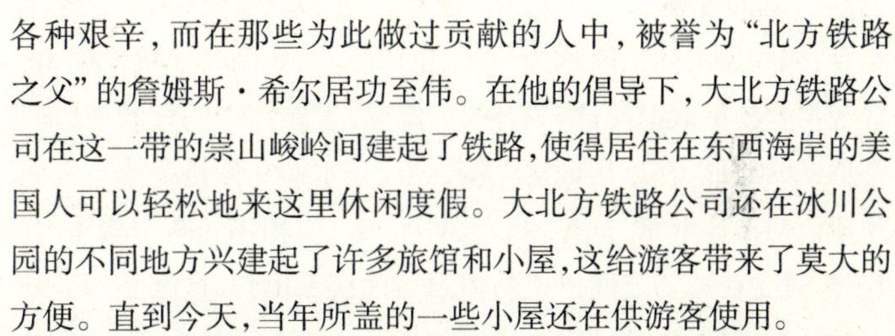

各种艰辛，而在那些为此做过贡献的人中，被誉为“北方铁路之父”的詹姆斯·希尔居功至伟。在他的倡导下，大北方铁路公司在这一带的崇山峻岭间建起了铁路，使得居住在东西海岸的美国人可以轻松地来这里休闲度假。大北方铁路公司还在冰川公园的不同地方兴建起了许多旅馆和小屋，这给游客带来了莫大的方便。直到今天，当年所盖的一些小屋还在供游客使用。

加拿大沃特顿国家公园的成立时间要早于美国的冰川公园，但建设和开发的速度要缓慢一些，不过，有一个人的名字是不应该被忘记的，他就是爱尔兰商人伯朗。他住在加美边界，对沃特顿湖无比钟爱，很早以前就梦想着能有一天将这些可爱的湖沼辟为国家公园，并为实现这个梦想多方游说。他的执著终于使梦想成为现实，加拿大政府给他的回报就是指派他为沃特顿国家公园首任狩猎和山林管理人。他去世后，就葬在距离沃特顿湖不远的地方，永远地守候着这个让他魂牵梦绕的地方。

冰川流动出来的美景

沃特顿—冰川国际和平公园以冰川景观闻名于世，在岩层叠置的主脊线两侧，发育了数十条现代冰川，它们大多是冰舌短小的冰斗冰川或悬冰川。冰川也常译成冰河，是一个巨大的固体，在高寒地区由雪再结晶聚积而成。国际和平公园里的冰川形成于300万年前的冰川时期，当时洛基山脉的中段几乎全被厚重的冰雪所覆盖。地球上的冰川时期结束后，其他地方的冰雪全都消融，而高寒地区雪线以上的地方冰雪能够常年存在，于是就得以保持着冰川的原有风貌。

国际和平公园中最引人注目的景色都与高山冰川有关。这里最大的冰川是布莱福特冰川，占地约 4.8 平方千米，位于海拔 2440 米的杰克逊山和布莱福特山北坡，在美国一侧。布莱福特山的南坡覆盖着哈里森冰川和庞普里冰川。冰川也能流动，只是速度很慢，日平均不过几厘米，多的也不过数米，肉眼很难察觉出来。但由于年深日久，在冰川的重力作用下，通过刨掘、侵蚀和堆积，创造出许多奇妙的景观。

国际和平公园中的山峰美如画卷，公园中超过 3000 米的有金特拉峰、西耶山和斯廷森峰等，位于公园北部 3000 多米高的克利夫兰山为最高峰。在冰川的剥蚀下，这里的山脊好像一把把利刃，断续分布的峰峦如同青灰色的金字塔，在皑皑白雪的覆盖下，显得格外妖娆。用术语来说，那些利刃般的山脊称为冰蚀脊，那些尖尖的山峰称为角峰，也叫冰斗峰，因其形状像牛角，又称角峰。冰蚀脊和角峰的形成都与冰斗有关。冰斗发育在冰川的发源地，最先是一个集水漏斗那样的地形，在冰川的逐渐刨蚀下，集水漏斗慢慢变成了三面环山、宛如一张藤椅似的盆地形状，这种地形就叫冰斗。当相邻的两个冰斗的后壁不断向后退却时，就会在冰斗之间形成薄似刀刃的狭窄山脊，这就是冰蚀脊。国际和平公园中角峰举目皆是，角峰之间白雪如银。角峰一般是由三个以上的冰斗所夹峙的山峰所形成，在冰川的长期侵蚀力量下，夹在中间的山峰越磨越尖，最终形成了牛角般的形状。

国际和平公园中最引人注目的冰蚀脊是加登脊，陡峭险峻，人们很难攀登上去。可是就在这窄窄的高地上，却有成群的山羊蹦上窜下，远远望去，就好像一个个白色的弹丸在跳动。和平公园中有很多大型肉食动物，山羊们不想为其饕餮，就跑到这里来避难。和平公园中壮观的劳根山口也是冰川用时间的利器雕凿出来的杰作。一般的冰蚀脊没有被截断，而这里刃脊两侧的冰川不断背对背地相互刨蚀，最终将刃脊蚀穿，造就了这个山口。此外，岩层绚丽多彩的刘

圣玛丽湖

劳根山

易斯山脊也是喜欢登山的游客的必游之地。

从劳根山口透过稀疏的冷杉林翘首北望，一道状若游龙的崖墙赫然立于群峰之上，蜿蜒曲折 20 余千米。它是由崖墙两侧的古冰川群不断向内刨蚀而成的冰蚀脊，刃脊顶端最窄的地方据说只有一两米。这道崖墙不仅巍然壮观，高达上千米，而且色彩斑斓，由红色、绿色泥质板岩和带有白色条纹的石英岩层构成，于是得名“花园”墙。

面对着这壮美的地质奇观，地质学家们可以把北美大陆的地质编年史从容道来。这一带的白云质灰岩形成于 12.5 亿年前，岩层中包含着生活在海洋环境中的蓝绿藻群体化石，那是地球上最原始的生命痕迹。在深海缺氧环境中形成的页岩着色暗绿，富含铁质的泥岩在海洋退却后经氧化呈红色，薄层的硬质砂岩在高压下变质成为白色条纹的石英岩。在晴朗的天气里，公园内的岩石上可以依稀看出红绿不断交迭堆积的岩层。

在国际和平公园中，另一类典型的地形就是“U”形谷。人们多见的由河流侵蚀而成的山谷，类似于英文大写字母“V”；而由冰川侵蚀而成的谷地，则类似于英文大写字母“U”，谷壁直陡，谷形如槽。每到夏季，冰雪消融，从上到下一级级分布在“U”形谷里的冰碛湖便一片片波光粼粼，谷中的溪流也变得活跃起来，自几十米高处飞泻而下，形成了一条条飞雪流响的瀑布。“U”形谷里有些地方是倾斜的，宛若地震之后被扭得曲曲弯弯的楼梯，溪水沿着这倾斜的岩层逐级而下，水花四溅，一阵强风吹来，水花便如云飘散，不知所终。这谷这水在国际和平公园中造就出无数的美景，其中最有名的是阿瓦兰切盆地。这里好像一座天然的圆形剧场，山势雄奇险绝，四周陡壁高达 610 米，背景天幕上悬瀑如练，

Wateron Glacier International Peace Park

红色的西洋杉点缀着俏丽的山色，山泉的鸣声使得四周愈显清幽。

国际和平公园中最令人迷醉的景色，还是那250多处大小不同的湖泊。它们有的高居山顶，有的簇拥谷底，夏天里每当朝日初升或夕阳西下的时候，碧绿的湖面上霞光万道，灿烂夺目，给这里的冰川景色增添了更为绚丽多彩的风光。

这里的山谷与别处不同，湖泊也与别处不同。那些高居在山顶之上的湖泊是由冰斗积水形成的，所以叫冰斗湖，其特点是湖面小，湖盆由坚硬的岩石组成，湖水极清，明媚诱人，但水温很低，因此水中无鱼。谷底的湖泊统称冰川湖，以其成因又分成两种，一种是冰碛湖，另一种是冰蚀湖。冰碛湖是由冰川侵蚀的泥土岩石壅塞河谷而形成的，冰蚀湖是冰川刨蚀地表造就洼地而形成的。不论是哪一种冰川湖，其湖水都是蔚蓝色的，那是因为沉重的冰川下滑时把岩石刮碾成粉末，带入湖水中，在阳光的照射下，就呈现出那美丽的色彩。

在美国一侧的冰川公园里，最大的湖泊要数麦克唐纳湖。它是由古冰川的尾碛堆积成的冰碛台地壅塞河谷所形成的，朝东北方向延伸，长约15千米，宽约2千米，湖面海拔961米，好似一只长圆形的澡盆，静卧在两侧平齐陡峭的"U"形谷中。在湖的北端左侧，斯坦敦峰和沃特峰好像两兄弟一样濒湖而立，由鲜明的红色和绿色岩层交互组成的峰体以及戴雪的峰顶，倒映在湛蓝色的湖面上，仿佛织出了一幅犹如色彩绚烂的天幕。

麦克唐纳湖的本名叫圣舞湖，原是黑脚族印第安人的圣湖，他们认为这一带是世界的脊梁。后来为了纪念为这一地区的运输事业做出巨大贡献的麦克唐纳先生，这才改为现名。

麦克唐纳湖已经够美了，但比它更美的是圣玛丽湖。它长约16千米，四周群山环抱，湖岸上长满了齐腰的深草，深邃的湖水如翠蓝的宝石，湖景妩媚多姿。这一带最小巧的湖泊要数急流湖，它长不足1000米，坐落在海拔1800米左右的高山上，即使在烈日炎炎的夏天，湖上仍见冰封雪飘，自有一番冷艳之美。

在加拿大一侧的沃特顿国家公园里，主要的湖泊有沃特顿湖、罗乌亚湖、米德尔湖、阿帕湖、森特·梅里湖等，其中名气最响亮的自然就是沃特顿湖，它的名字来自一位英国自然科学家查尔斯·沃特顿。这一带的景致是探险家克特奈伊·布朗于1865年发现的，那被冰川刻蚀过的巨大的山岩，形成了两侧岩壁笔直陡峭的冰川谷地，显得分外壮观。沃特顿湖并非一个湖，而是一个互相贯通的冰碛湖群，其水源主要来自“花园”崖墙北端的冰雪融水和冰斗湖。湖群北端附近的小湖上，常常有天鹅和野鸭等水鸟在戏水。环湖林木苍葱翠绿，雪峰晶莹，拥抱着一泓赏心悦目的碧水。天气晴朗的时候，顺着雾霭缭绕的湖面望去，克里夫兰峰隐约可见。

生机盎然的植被和珍稀动物

被美国人誉为自然保护之父的约翰·穆尔曾这样评价沃特顿—冰川国际和平公园：“既然要游这个公园，至少就得花上一个月的时间，因为它有游览一个月的价值。”

国际和平公园的山光水色显然是它最具有游览价值的所在，然而却不是它价值的全部，生机盎然的森林植被和珍稀动物也体现出了它的珍贵。来这里欣赏品类丰富的各种动物和植物，往往成为很多游人游览这个公园的主要目的之一。

以植物而论，国际和平公园堪称北美特有物种的大观园，各种花草树木多达1000种。在比较干燥的东部山坡上，恩氏云杉、亚高山冷杉、小干松、花旗松和大枝松，苍劲挺拔，亭亭玉立。在比较湿润的西部山坡上，落叶松、冷杉、云杉和小干松，茂密葱茏，苍苍郁郁。这里的“落叶松之王”高达45米至60米，地面处的树干直径有1.5米，没有任何树木能把枝条伸到它的树冠顶上。在这个冰川林立的地方，它称得上所有植物的国王，而在世界上所有的落叶松中，它也能称王夺冠。这里的云杉最为咄咄逼人，肆意排挤别的树种，毫无忌惮地扩大着自己的地盘。

这里的森林浓密得有一种几乎要把人吞噬的感觉。在公园西北部，有一条香

劳根山

柏小径，一条小路一直深入进巨大的香柏和铁杉林中。在这里漫步，嗅着树木散发出的清香，一切世俗的烦恼都会一扫而空。在森林的覆盖之下，则是一片片生长得极为茂盛的草地，上面时或点缀着鲜亮的苔藓、七筋菇、鹿蹄草和雪灵芝，好像一条条散发着浓郁芬芳的地毯。每到夏季，这里就会开放出北美高山地区最为艳丽的野花野草，杜鹃花和百合花争艳斗美，龙胆草和旱叶草竞相生长，流星花、毛茛花、老鹤草、天人菊和紫菀等花草，把威严的群山打扮得色彩缤纷。

国际和平公园内还生长着一种奇特的"熊草"，它名为草，实际上是一种花，花朵是白色的，形状酷似熊的尾巴。据说熊草的名字是探险家路易斯起的。有一次，他在园内看见一头熊正低头嗅着一株花草的香气，以为这是熊最爱吃的青草，就以此为它命名。其实，熊草并无香味，矮的有一米左右，高的可以长到近两米，茎顶是白色的花，数年才开一次。这种花特别受到游客的喜爱，不过因为开花频率不高，也就难得一见了。

国际和平公园占地广大，为了方便游人，园中辟有多条观景公路，其中最有名的是翻越大陆分水岭的向阳大道，全长 84 千米。除了多条观景公路，园中还有无数条观景小径，它们曲径通幽，悄悄给游人带来难以描摹的惊喜。园中有一条往返长约 2.4 千米的雪松小径，木板铺装，可通残疾人乘坐的轮车，它的路口标牌上写着这样一句话："慢慢地探索这座森林。花一点时间静坐体会，什么都不要做……让自己成为周围森林的一部分。" 这段话有些像广告语，但很耐咀嚼，尤其是你置身于如海的浓荫之中的时候。

国际和平公园又是一个天然大动物园，这里栖息着数百种动物，以熊和洛基山山羊最为特别，还有北美地区特有的土狼、山狮，各种大角鹿、大角羊更是常见，在通往劳根山口的路段，还有机会看到白头鹰和雷鸟。

一进入国际和平公园，人们就会看见一个大红色的标示牌，提醒旅客已经进入“熊的国度”。这并不是危言耸听，园中常可见到棕熊与黑熊的足迹。目前全美仅有棕熊900只左右（不包括阿拉斯加地区的棕熊），冰川公园及邻近区域便多达300多只。棕熊和黑熊的区别并不在于颜色，棕熊不一定就是棕色的，黑熊也未必就是全黑的，大约有一半的黑熊口鼻部分都是棕色的，而黑熊的毛色从纯黑色到棕色、黄褐色、浅金色不等。棕熊和黑熊最大的差异在于体重，棕熊平均体重约为160千克，黑熊的体重轻的约50千克，重的可达230千克。

大多数棕熊和黑熊的性情都很温驯，而且园中的熊都不怕人，常常跟在游人的身后等着喂食。但是公园的管理者人员会告诉你，千万不要接近熊。别看熊动作笨拙，但奔跑起来速度可达到每小时48千米，比人类百米赛跑的世界纪录还快。如果熊发起怒来，人别指望依靠奔跑逃脱。很多童话故事中写道，遇到熊可以爬到树上去。如果遇到的是黑熊，这一招就不灵光了，因为黑熊会爬树。棕熊不会爬树，却会抱着树摇晃，熊的力气很大，如果树不够粗，熊就有可能把人从树上摇下来。另外，园中的很多告示牌上还写有这样的话：“我爱这些动物，就不要喂它们。”这样做一是防止动物伤人，二是让动物保持在自然环境中的生存本领。

洛基山山羊是冰川国际公园的象征。它们其实并不是山羊，而是羚羊的

表亲，雪白的毛色醒目而美丽，通常出没在雪线与森林间，在陡峭滑溜的悬崖山陵上如履平地。洛基山山羊的体积不小，成羊体重约150千克左右，其食物是苔藓和青草。人们常常看见它们舔岩石，那是用岩盐来补充体内的盐分，这个现象被称为"山羊舔石"。

公园里还有一种叉角羚羊，其体形优雅，毛色美丽。背部和颈后部呈棕红色，肚子呈白色，臀部和脖子上各有两块新月形的白斑。叉角羚羊具有相当灵敏的听觉器官、视觉器官和嗅觉器官，想要靠近它而不被它发觉，那是很困难的，要想住它，那就更困难了。叉角羚羊是美洲大陆上跑得最快的哺乳动物，又最为善跑，毫不费力地就可以达到每小时65千米的高速，还能够不知疲乏地以每小时48千米速度跑上五六千米，让肉食动物望尘莫及。

沃特顿—冰川国际和平公园的国际性在园内的动物身上也能巧妙地体现出来。夏天到了，洛基山中的马鹿都蜂拥到美国的冰川公园中避暑；冬天来了，它们又下山跑到加拿大的沃特顿大草原上避寒。一场风暴过后，栖息在美国的大雁、天鹅便迁飞到沃特顿的骑士湖上，在这里追逐戏水。加拿大的鳟鱼经常跨过国界，游进美国冰川公园的湖中。有一度狼在沃特顿公园里销声匿迹了，可是不久人们就在美国的冰川公园内发现了它们的踪影。

动物群自然不会知道这是一个没有国界的地方，更不会知道它们已经成了国际公民，它们只是按照自己的本性像风那样自由地吹来吹去。来到沃特顿—冰川国际和平公园，人也会变得格外自由，不需要再去顾及什么国籍、国界的限制，尽管这只是暂时的，但获得的感受却是非凡的。假如有一天世界上所有的边境都互不设防，各个民族的人都能真诚相待，人们的心灵就会像这里的冰川一样纯净，和平的旋律就不会只盘旋在这一个地方，而是飞往四面八方。

北美五大湖区

世界上最大的淡水水域
世界上最大的湖群
有“北美地中海”之称

在美国和加拿大之间有五个大湖，它们像亲兄弟一般手拉手连在一起，构成了五大湖区。作为世界上最大的湖群，又是世界上最大的淡水水体，北美五大湖毫无疑问地成为中美洲最大的自然奇观。乘船在五大湖中游览观光，人们常常会心生诧异，一块陆地上怎么会有如此大的湖泊，船只在湖上行驶，常常一整天都不见岸边，有时还会发生船只在汹涌的波浪中沉没的事故。如果没有人告诉你这是在湖上，你一定会以为自己身处大海之中，难怪有人将它称为“美洲大陆上的地中海”。

按从西往东的方向，即从上游往下游依次排列，北美五大湖分别是苏必利尔湖、密歇根湖、休伦湖、伊利湖和安大略湖。说起这五个名字来，都各有来历。苏比利尔湖是1622年时法国探险家最早发现的，并用法语命名，后改英语译成“上湖”，其意为“位于上端的湖”，即五大湖中最北边的最上边的一个湖。“上湖”的“上”字又有这个湖“地势最高”的意思。的确如此，苏必利尔湖的水位海拔高度比相邻的休伦湖和密歇根湖高出6米之多。休伦湖湖边

Lake Superior

地理位置:位于北美洲中东部,形成美国同加拿大的自然边界,东西延伸1370千米,总面积为24.5万平方千米,从苏必利尔湖西端至安大略湖东端长约1400千米。横跨经度约15°,纬度约10°。

基本概况:五大湖是始于约100万年前的冰川活动的最终产物,现在的五大湖位于当年被冰川活动反复扩大的河谷中,为更新世后期该地区陆续形成的许多湖泊的最后阶段。五大湖上游地区多沼泽和湿地,有几百条河涧溪流汇入湖中。五大湖下游经圣劳伦斯河过圣劳伦斯湾注入大西洋。湖水同哈得逊、密西西比等水系之间有运河相通。除了密歇根湖属美国外,其余四湖均为美国和加拿大两国共有。

水文特征:各湖间联络水道多急流瀑布,水力资源丰富。除密歇根湖和休伦湖水平面相等外,各湖水面高度依次下降。

气候特点:大致属于大陆型气候,冬季期长,气候寒冷,夏季期短,雨量集中在春季。年最高气温在30℃左右(7月),加上湿热效应,约为37℃左右;最低气温在-20℃左右(1月),加上风寒效应,约为-30℃左右。

资源特产:五大湖周围地区富煤、铁、铜等矿藏。湖水中湖鳟、白鱼、湖鲱、鲈、鳌、鲇等鱼类成群栖居。

游览须知:五大湖彼此相通,乘坐游船可以在一天之内游遍。在加拿大境内游览五大湖,可以从多伦多出发;从美国境内游览五大湖,可以从芝加哥出发。

Lake Superior

早年住着印第安易洛魁人,法国殖民者贬称他们为hure,意为"毛茸茸""乱蓬蓬",后转英译为Huron,"休伦"是其中文音译。伊利湖是印第安易洛魁人曾经居住的地方,在印第安语中"伊利"意为"长毛",指野猫或美洲狮。猫是易洛魁人崇拜的图腾。安大略湖的名字也来自印第安易洛魁语,意为"美好的湖"。密歇根湖也叫密执安湖,据说"密歇根"一词源自印第安语,意思是"大水"。

按大小而论,苏必利尔湖是北美五大湖中最大的一个,也是世界上最大的淡水湖(世界第一大湖里海是咸水湖)。湖东北面为加拿大,西南面为美国。湖面东西长616千米,南北最宽处257千米,湖面平均海拔180米,湖水面积82103平方千米,最大深度405米,蓄水量1.2万立方千米。有近200条河流注入湖中,以尼皮贡河和圣路易斯河为最大。

苏必利尔湖烟波浩渺,水阔湖深,颇有大海的气势,湖边的主要港口有加拿大的桑德贝和美国的塔科尼特等，都吃水很深，有能力吞吐如海轮般巨大的货轮。湖中的岛屿有罗亚尔岛、阿波斯特尔群岛、米奇皮科滕岛和圣伊尼亚斯岛等，其中罗亚尔岛已经辟为美国国家公园。苏必利尔湖沿湖多林地，风景秀丽，秋色最是绚丽缤纷，历来都是枫叶的观赏胜地。

苏必利尔湖和休伦湖之间有一条圣玛丽斯河相通，两湖之间落差约 6 米，因此圣玛丽斯河上多急流瀑布，不适合航运。美国和加拿大两国分别在己方一侧开凿苏圣玛丽运河，就是为了绕过急流，畅通两湖间的航运。顺着苏圣玛丽运河，船只可以很平稳地驶进休伦湖。

休伦湖由西北向东南延伸，长 331 千米，最宽处 163 千米，水域面积为 59570 平方千米，为北美五大湖中的第二大湖。湖中岛屿众多，主要分布在东北部的乔治亚湾，其中马尼图林岛是世界上最大的湖岛，面积为 2766 平方千米。马尼图林岛上有个马尼图湖，面积 106.42 平方千米，又是世界上最大的湖中湖。这湖中岛、岛中湖的奇特景观，每年都吸引了无数的游人来这一带观光。休伦湖的湖岸上有沙滩、砾石滩和悬崖绝壁，风景优美，也是休养与娱乐的胜地。

休伦湖还是北美五大湖中第一个为欧洲人所发现的湖泊。1609 年夏天，法国著名探险家钱姆普林开始探察北美腹地。1615 年，钱姆普林进行了他一生中意义最重大、最有成果的探险。他带上一些印第安人乘小船溯圣劳伦斯河、渥太华河、法兰西河而上，发现了五大连湖中的休伦湖。在休伦湖的乔治亚湾，钱姆普林失望地发现湾里的水是淡的，这说明它不是太平洋的一部分，于是他称其为淡水洋。随后，他又舍船登陆，向东进发，到达了安大略湖边。

钱姆普林1615年探险的地理发现成就是巨大的，但说起他的贡献，就不能不提到“林中奔跑人”。所谓“林中奔跑人”，就是集猎人兼皮毛商、翻译、农牧民、探险家和旅行家于一身的人，他们成为探察北美腹地的尖兵。第一个北美型的“林中奔跑人”是个青年，名叫爱丁·布留列。他从16岁起就跟随钱姆普林前去北美探险，很可能要比钱姆普林更早地发现了休伦湖和安大略湖。1621年，钱姆普林派布留列等人探察休伦湖一带，他们在那里发现了源于苏必利尔湖注入休伦湖的圣玛丽河。1628年，布留列到达苏必利尔湖西岸，由此成为第一个向西深入北美腹地这么远的欧洲人，并发现了五大连湖中最大的苏必利尔湖。钱姆普林当上新法兰西总督后，又于1634年派出另一位“林中奔跑人”让·尼科列特去探寻印第安人所说的“西部海”。尼科列特等人先是到达了布留列发现的圣玛丽河河口，然后朝西南行进，穿过马基纳克湖峡，这样便发现了密歇根湖。至此，北美五大湖全部对于人类由陌生变为熟悉。如今人们乘船遨游五大湖，用不上几天的时间，而当年为了探索它们的存在，人类竟然用去了20多年的工夫。

休伦湖的北边有苏必利尔湖、密歇根湖和众多河流注入，湖水从南端排入伊利湖。密歇根湖南北长517千米，最宽处190千米，水域面积为57757平方千米，湖面海拔177米，最深处281米，平均水深84米，湖水蓄积量达4875立方千米。在北美五大湖中，它的面积居第三位，却是唯一全部属于美国的湖泊。

对于生活在美国内陆的人而言，密歇根湖完全算得上海了，沙滩、阳光、“海”浪、港口，除了它的水不咸，海的特质样样具备。在风和景明的

Lake Superior

日子里，密歇根湖呈现出一片巨大的蓝色，但它的蓝色要比海洋的蔚蓝稍稍浅一些，透着些绿。天气阴暗的时候，湖水的颜色就会变得浑黄一些，湖上的波浪也更大一些，似乎湖面上的鸟儿也飞得更急，湖上的帆船也行得更快。密歇根湖边的北端多岛屿，以比弗岛为最大。沿湖岸边有湖波冲蚀而成的悬崖，东南岸多有沙丘，尤以印第安纳国家湖滨区和州立公园的沙丘最为著名。湖区气候温和，大部分湖岸为避暑地。

不过，这里的自然景色再美，也逊色于沿岸大小城市所造就出的不同的湖边风景。站在密歇根湖边，无法看到它的边际，却能看到远处的芝加哥高楼"丛林"。作为美国的第三大城市，位于密歇根湖畔与芝加哥河交汇处的芝加哥城仿佛漂浮在一片蓝色中，显得分外安静而温暖。大约是借了密歇根湖的水汽，芝加哥冬天不冷，但夏季酷热，而且终年多风，号称"风城"。芝加哥还有一个别名叫"万国建筑博物馆"。它的高楼不如纽约多，但比纽约好看。曾经是世界第一高的西尔斯大厦，全城第二高的汉考克大厦，全部体现出现代建筑运动前后时期的风格。一座座楼群你勾我连，摩肩搭臂，争相标新立异，令人眼花缭乱。

然而，芝加哥城中的摩天大厦再有特色，如果没有密歇根湖那一片蓝色，就会失去灵气。登上西尔斯大厦，周围的高楼尽收眼底，但真正吸引你目光的却是那泛着蓝光的密歇根湖。再登上汉考克大厦的顶层，湖水好像就在你脚下，湖边的蓝色开始微微泛绿。转到另一边湖岸看去，芝加哥的高楼全都倒映在湖水中，好似美妙的图画。

芝加哥人对于密歇根湖还有一份感恩之情，因为密歇根湖水救过芝加哥大半个城市。1871 年 10 月 8 日，从芝加哥老城区的帕特里克·奥利莉太太

伊利湖

的谷仓里突然冒出滚滚浓烟，霎时间，烈焰腾空而起，在暴风的助虐下，整个城市顿时变成一片火海。大火整整烧了 30 多个小时，17.5 万间房屋化为灰烬，205 人丧生，9 万多人无家可归。假如没有密歇根湖水相助，芝加哥城就有可能全部化为废墟。

为了让后代永远记住这个悲惨的日子，芝加哥人把每年的 10 月 8 日这一天定为“湖滨节”，节期长达一周。节日期间，成千上万的市民倾城而出，观看密歇根湖上的赛艇比赛和芝加哥运河上的彩船游行。赛艇比赛场面煞是好看，五颜六色的风帆如点点繁星散落在湖面上。与此同时，全身赤裸的印第安人表演着他们传统的拿手节目——独木舟比赛。无数只独木舟在水上你追我赶，象征着芝加哥人 100 多年来的奋进拼搏。

芝加哥运河上的彩船游行场面更为壮观。按照当地的民间传说，海龙王的形象是白色的，所以人们把水染成白色，船员们的脸也涂成白色。彩船中的救火船并行疾驰而过，一齐喷射出高高的水柱，泛出闪闪银光从空中倾泻下来，如同千万条蛟龙入海。在阳光的照射下，蒸腾的水汽中又映出七色彩虹，引得岸上水上的观众一片欢腾。令人注目的是游行队伍中有人穿着镶黑边的鲜红衣服，两颊挂着哀伤的黑色泪斑，鼻子上涂着绿色的油彩。这个独特的化装，暗示着芝加哥人那段伤心欲绝的日子。

伊利湖是北美五大湖中的第四大湖，东、西、南面为美国，北面为加拿大。在

Lake Superior

五大湖中，伊利湖是最靠南的一个，呈东北—西南走向，长388千米，最宽处92千米，水域面积为25667平方千米，湖面海拔174米，平均深度18米，最深64米。岛屿集中在湖的西端，以加拿大的皮利岛为最大。

和其他几个湖相比，伊利湖岸低矮，湖滩狭窄，但沿岸的田园风光却是情趣盎然，适合人们漫游。沿湖工业区曾一度导致许多湖滨游览区被迫关闭，直到上个世纪70年代末环境破坏才得到控制。在北美五大湖中，伊利湖又是最浅的一个，却以突如其来的暴风雨而闻名。平静的时候，湖面如玻璃般清澈透明，不知什么时候，湖面上就会卷起无情的巨浪，令人望而生畏。

伊利湖和安大略湖之间有尼亚加拉河相通，但由于尼亚加拉瀑布的阻隔，人们只得另外开辟出一条韦兰运河把尼亚加拉瀑布绕过去。韦兰运河全长53千米，沿途共有8道水闸，靠着这些水闸的帮助，从安大略湖来的船只才能随着逐渐抬升的水位节节提高，驶至尼亚加拉上游，进入伊利湖。韦兰运河两岸风光旖旎，小巧的农舍，苍绿的果园，仿佛世外桃源一般。

安大略湖

安大略湖是北美五大湖中最靠东和最小的一个，北面是加拿大，南面是美国，大致成椭圆形，主轴线东西长311千米，最宽处85千米，水域面积约19554平方千米，平均深度86米，最深处244米，蓄水量为1688立方千米。尼亚加拉、杰纳西、奥斯威戈、布莱克和特伦特五条河流源源不断

地注入安大略湖，湖水由东端经圣劳伦斯河流入大西洋。

尽管安大略湖在五大湖中只是一个小弟弟，但这里的湖面依然给人以博大的感觉，天连湖水，湖天一色。它又好似一面尺寸超大的镜子，森林岛屿尽收镜底。湖面上悠闲的野鸭，天空中盘旋的苍鹰，疾掠而过的海鸥，点染出一片生动的野趣。每当微风拂过，就会吹皱好似绿色绸缎的湖面，被揉成无数碎片的太阳，在湖水中荡漾成千万个光点，一片波光粼粼。安大略湖中还有一些岛屿，如中央岛、汉兰岛和瓦得岛等，很多加拿大人喜欢在节假日来到这些岛上钓鱼。

安大略湖沿岸有很多城市，其中被称为“安大略湖畔翡翠”的是多伦多。多伦多是加拿大的商业及财政中心，又是加拿大第一大城市。由于湖水的调节与滋润，使得多伦多的气候比较温和，也为它平添了无穷的魅力。从湖滨西望，一座座现代化的摩天大厦高耸巍峨，与纽约的曼哈顿相比毫不逊色。这里的现代建筑大多为淡蓝色，而这里的天空也是淡蓝色的，恍惚间它们仿佛融化到了一处。

在湖滨大道上眺望整个城市的轮廓，最为显眼的莫过于矗立在城市核心地带的国家电视塔。这座电视塔高达553.34米，是目前世界上最高的独立建筑物（不包括在高大的建筑物上另架起的电视塔），被称为世界建筑史上的奇迹，理所当然地成为了多伦多甚至加拿大的象征。它设计新颖，造型独特，一建成后便誉满全球，每年都有近200万的游客慕名而来，以登上世界最高建筑为荣。电视塔中装备着4部高速电梯，每分钟运行速度达367米，每小时可以把1500名游客送到塔顶。塔上有三级瞭望台，分别设在距地面342米（室外瞭望台）、346米（室内瞭望台）和447米（空间瞭望台）的高度。来到室外瞭望台上，即使是在炎热的夏天，也会感到冷风刺骨，寒气逼人。多伦多电视塔的空间瞭望台也是全世界最高的，天气晴朗时能见度可达120千米以上，举世闻名的尼亚加拉瀑布在多伦多南边100千米处，自然就纳入了登高望远者的视野。

Katmai National Park

卡特迈国家公园

冒险者宿营的首选地
全球最大的棕熊保护区
曾经是美国宇航员的训练基地

Katmai National Park

地理位置:位于美国阿拉斯加州南部的布鲁克斯河地区,坐落在阿拉斯加州半岛上,在科迪亚克岛的对面。

自然概况:公园面积达19122平方千米,其中自然保护区的面积达13696平方千米。公园内有14座活火山,其中最知名的是卡特迈火山。

气候特点:属温带气候,具有海洋性气候特征,1月份平均气温约为-2℃,7月份平均气温约为13℃。年均降水量在1000毫米以上。

动植物分布:公园里大约有3000只棕熊。河中多鲑鱼。植被以草甸为主,背风谷地分布有以铁杉和西特卡云杉为主要树种的针叶林。

资源特产:整个阿拉斯加地区都储藏有石油和天然气,但目前尚未获准开采。

游览须知:尽管棕熊主动袭击人的事件极少发生,但一旦遭遇棕熊袭击,要一定坚持不逃的原则。把身体卷成一团,不发出任何声音,让棕熊感到你对它不构成威胁,它就会离开。

阿拉斯加地区拥有 70 多座潜在的活火山，它们组成了一个链条，锁住了阿拉斯加半岛。1912 年 6 月，这个链条突然崩断，一座名叫诺瓦鲁普塔的火山发生了近一个世纪以来最剧烈的喷发。它的强度如此之大，以至于把它东边近 10 千米处的卡特迈火山底下的岩浆也抽得干干净净，致使它的顶端发生剧烈崩塌，形成了一个长 4.8 千米、宽 3.2 千米的火山口湖。

1916 年，一个科学考察队来到卡特迈火山，他们发现尽管火山早已停止喷发，这里依旧是烟雾缭绕，热气腾腾，草木不生，许多裂缝还在冒烟。人们把锅放在上面，居然能烤熟食物。

在卡特迈火山的北边，有一条长 10 千米、宽 8 千米的山谷，这里原本树木葱茏，动物众多，但如今这条山谷却极为荒凉，谷中铺满了厚厚的火山灰砾。在这片面积大约 145 平方千米的灰砾场上，有着成千上万个喷气孔，大量的炽热气体从地下喷出来，有的形成气柱，高达 350 米，在山谷上空形成巨大的烟雾层，在阳光照耀下，映现出一条条色彩缤纷的彩虹，极其壮丽而雄伟，于是得

Katmai National Park

名“万烟之谷”，也有人叫它“十万烟柱谷”。

如此罕见的奇观是怎样形成的呢？原来，当初诺瓦鲁普塔火山喷发时，大约有180亿立方米的火山灰冲入大气层，把周围100多千米内的天空变得一片漆黑，持续了60多个小时。从地表裂缝中喷出的火山灰砾达110亿立方米，在高压气流的推动下，快速地向山谷下方推进，一路上把树木全部冲倒，炽热的火山灰又把树木全部掩埋，并迅速碳化，整个山谷被覆盖上一层厚达200米的火山灰砾。然而，火山灰并未能把地表上所有狭长的裂缝都覆盖住，地下水变成一股股水蒸气不断从地下冒出来，在空中遇冷凝成大片云雾，弥漫山谷。据统计，万烟谷中有数万个喷气孔，每秒钟冒出的水蒸气约200多万公升。万烟谷上部火山灰堆积较薄，那里的喷气孔也就特别密集，有一长排延伸达1000多米。

为了保护北美洲这一天然胜景，早在1918年这里就被指定为美国国家历史遗迹。上个世纪60年代，美国航天局又在这里成立了宇航员训练基地，专门训练准备乘坐“阿波罗”号登月的宇航员。万烟谷中千疮百孔，自然景观与月球有些相似，号称“地球上的月面”，宇航员在这里可以体会到月球上的地貌特点。1980年，卡特迈国家公园建立，但这个时候这一带的火山活动已经大为减弱，只剩下12个喷气孔，景色大不如前。

如今的卡特迈国家公园已经看不到“十万烟柱”的壮观景象，但随着这一带植物的复苏和动物的出没，它作为自然保护区的作用日益明显起来。

作为全球最大的棕熊保护区，卡特迈国家公园主要保护的动物就是阿拉斯加棕熊。棕熊是世界上第二大的熊科动物，体形健硕，肩背隆起，粗密的体毛有着不同的颜色，如金色、棕

阿拉斯加棕熊

色、黑色和棕黑等。有些棕熊体毛的毛尖颜色偏浅，甚至近乎银白色，于是又被称为“灰熊”。年富力强的阿拉斯加棕熊站起身来有 3 米高，体重达 600 千克，有的达 700 千克。尽管它外形巨大，看似笨拙，但在短距离奔跑时完全可以和骏马媲美，时速可达 50 千米。

每年的 8 月至 9 月中旬，寂静的阿拉斯加湾就会变得喧闹起来。在一种奇妙的力量的驱使下，数以百万计的鲑鱼不顾一切地穿越急流险滩，从海洋深处汇聚到这里来产卵。鲑鱼在阿拉斯加棕熊的生命中举足轻重，如果没有这种高热量的美食，它就不能迅速地积蓄脂肪，也就无法应付即将到来的漫长的冬眠。所以，每到这个季节，卡特迈国家公园中的棕熊就会耐心地守候在布鲁克斯河边，张开肥大的熊掌，一有机会就以迅雷不及掩耳之势把鲑鱼摁到水底，用牙叼到岸边，随即美餐一顿。

对于熊这种动物，人类的认识一直是很肤浅的，在童话中它总是以“大笨熊”的形象出现。卡特迈国家公园成立后，世人对于生活在这里的阿拉斯加棕熊仍然知之甚少。这种状况的改变始于一位传奇人物，他的名字就是蒂莫西·崔德威尔。

1989 年夏天，崔德威尔开始了他的第一次阿拉斯加州之旅，第一次见到了阿拉斯加棕熊，这次经历激发起他的强烈欲望，决定从此将一生都致力于棕熊及其栖息地的保护工作。从 1992 年起，每年夏天崔德威尔都要到卡特迈国家公园中独自露营，不带任何防备设施，尽量与棕熊接触，和它们生活在一起。从 1999 年起，崔德威尔开始用摄影机拍摄他在卡特迈每天的生活，棕熊群日常嬉戏玩耍和滋事打斗的图像频频出现在电视屏幕上，很多美国人由此了解到了熊类的特点和习性。2003 年 10 月，卡特迈国家公园中发生了第一幕棕熊吃人的惨剧，而受害者竟是崔德威尔，他的随行女友也一并遇难。

崔德威尔生前曾饱受非议，很多人把他视为野兽一般的怪人，甚至给他起了个"熊人"的外号。野生动物学家对崔德威尔与棕熊的过分亲近忧心忡忡，他们认为消除野生棕熊对人类的恐惧是一件很危险的事情。卡特迈国家公园的管理人员表示，这里的棕熊多达数千只，偷猎丝毫影响不了其种群数量。言外之意，崔德威尔所谓保护棕熊的动机颇值得怀疑。崔德威尔死后，曾是德国新浪潮电影领军人物的导演赫尔佐格有一次在家中四处寻找老花镜，无意间发现了一篇关于崔德威尔的文章，一读之下便被深深地吸引住了。他的直觉告诉自己，在这个人物看似疯狂的举动背后，肯定隐藏着难能可贵的热情和执迷。于是，他完全利用崔德威尔自己拍摄的录影带，重新剪辑出一部名为《灰熊人》的纪录片。

在这部充满悲剧氛围的纪录片里，人们对崔德威尔的冒险经历有了更直观的了解。从未有人像他那样同熊类如此接近，他还站在熊群当中和它们说话。他早就预言过自己最终将死在熊的嘴下，但他仍对自己的选择义无反顾。也许他的结局是他自己早就设计好的，在他生命即将终结的时候，依然会看到熊在朝自己微笑。他把自己送上了祭坛，奉献给了他穷尽一生的爱恋。如今的卡特迈国家公园已经成为冒险者宿营的首选之地，这些冒险者应该不缺乏崔德威尔那样的勇气，但大千世界中有谁能有崔德威尔那样的痴迷呢?

纳汉尼国家公园

园内有很多自然奇观
没有任何人类活动的痕迹
弗吉尼亚大瀑布蔚为壮观

Nahanni National Park

Nahanni National Park

对于一般游人来说,纳汉尼国家公园是一个可望而不可即的地方。公园里没有一条道路,也没有任何人类活动留下的痕迹。要想到那里去,只有乘坐轻型飞机,或者乘小船沿纳汉尼河逆流而上。

在如此荒凉的地方建一座国家公园有什么意义呢?这里交通闭塞,人迹罕至,属于全加拿大最崎岖不平、最天然的土地,自然环境不会遭到人类的破坏,还有必要加以保护吗?加拿大政府这样做自有自己的目的,唯恐有人打这儿天然美景的主意,借着旅游的名义大赚其钱。至于那些一心想来这里探险观光的人,加拿大政府一年只发放大约 900 个名额,这样也算对得起它的公园之名。像这样保护环境,应该是够彻底了。

纳汉尼国家公园之旅充满艰难险阻,但只要见识到这里的美景,你就会觉得绝对行有所值。湍急的河流,幽深的峡谷,自然天成的石柱,苔原覆盖的山岭,茂盛的森林,还有热气腾腾的温泉,形态各异的山洞,有的挂着冰挂,有的挂着石笋或钟乳石。如此大面积的壮丽景观集于一处,恐怕在地球上别的地方很难见到。

千万年来,纳汉尼河流域一直是一片遥远而神秘的土地。直到 20 世纪初,才有淘金者沿着纳汉尼河深入到

Nahanni National Park

这里。他们的辛苦并没有得到多少回馈，只是见到了一个冰与火交织的地方，季节反差极其强烈。每当夏日来临，融冰所开的土坑里野兰花竞相怒放，峡谷中温泉雾气蒸腾，滋润着一片片野薄荷和紫苑花争奇斗妍。而到了冬季，气温便急剧下降，这里又成了一个严酷的冰雪世界，几乎没有生物可以存活下来。

由于气候恶劣，与世隔绝，在垦殖者向荒山野岭大肆进军的时代，这里仍能维持着一份安详。淘金者来到这里也是小心翼翼，虽然没有采到金子，却不敢有所抱怨，只是相互传言这里的金子藏在神秘的山谷里，被野人和精灵守护着，招惹他们就会引来灾难。这里的很多地名都带着不祥的色彩，如死人谷、无头岭、送葬山、不归之谷等等，给这片莫测的荒野又增加了几分令人莫名恐惧的色彩。

纳汉尼国家公园中自然景观很多，其中最富魅力的当属纳汉尼河。这条河流是北美洲最为壮观的河流之一，它发源于塞尔维恩山地，水源充足，水流湍急，从纳汉尼国家公园中蜿蜒流过，也为游览这座公园提供了一条天然水道。

乘坐汽艇沿纳汉尼河溯流而上，抗争着时速 28 千米的激流，经过上百千米的航程，才能进入纳汉尼国家公园境内。由于河水长年累月的不断冲刷，这里形成了一条长约 300 千米的麦肯齐大峡谷，深达 1300 米，最长的峡谷段长达 19 千米。在第一道峡谷入口处，克劳斯温泉造成了一个迷人的小气候，青葱的小草地上点缀着紫莞和紫罗兰。这一带河流沿岸还有很多含硫量很

地理位置:位于加拿大西北地区，地处纳汉尼河流域北纬 60°以北的高纬度地区，距离加拿大西部城市辛普森堡不远。

自然概况:占地面积 4770 平方千米，园内有很多自然奇观，最富魅力的景观当属纳汉尼河。1976 年成立纳汉尼国家公园。

气候条件:属北极苔原气候，冬季漫长而且寒冷，冬季时气温常可降至-50℃，夏季时平均气温在 20℃以上。降雨较为稀少，年降水量在 250 毫米左右。

高的温泉，游客随时可以靠岸下船，洗个温水澡。这里还有很多由石灰岩坑构成的湖泊，深度都在二三十米左右。

小船驶进第一道峡谷后，只见两侧耸立着1200多米高的的石灰岩壁，岩面上布满洞穴，也描画着一道道黄、橙、棕色的条纹，好似天然的画卷。峡谷的另一端是死人谷，因1906年在那里发现无头尸骨而得名，这一带的山岭也随之得名死人岭。

穿过无头岭后进入第二道峡谷，这里是观赏多尔羊和山羊的好地方。它们动作敏捷，在险峻的山崖上窜上蹦下，如履平地。羊这种动物古时候在这一带一定很多，公园中有个洞窟名叫“羊廊”，里面掩藏着死于几千年前的大批羊的尸骨。在两个峡谷之间的河道中立着一块巨大的岩石，名叫普鲁比特岩，因为它耸立在河流的直角转弯处，于是人们便称它为“大门”。

接下来的第三道峡谷最为狭窄，这里的岩壁高达900多米，虽然不及第一道峡谷，但由于狭窄的缘故，令人备觉高耸。这里有两个急转弯，第一个急转弯名叫“地狱之门”，翻腾的激流形成很多漩涡，历来都是沉船的罪魁祸首，给它取名“地狱之门”似乎并不为过。过了第二个急弯水道就是著名的弗吉尼亚瀑布。它是纳汉尼河上最大的瀑布，河水陡落98米，这个落差比举世闻名的尼亚加拉大瀑布还高出一倍。飞奔而来的纳汉尼河水从云杉盖顶的岩峰两侧直泻而下，形成了两条银白色的瀑流，水声如雷，水雾弥漫，天气晴朗时彩虹飞架、把峡谷中奇伟壮丽的景致推向极致。

在纳汉尼河上游远离弗吉尼亚瀑布的地方，有一个加拿大西北地区最壮丽的景观，它就是兔锅温泉。这里是纳汉尼国家公园最为偏僻的地方，只有乘坐轻型飞机才能到达。

动植物分布：园内大约有500种维管植物、2600多种苔藓类植物和170种禽鸟，其中包括目前数量很少的隼、金鹰和秃鹰。园内还有40多种哺乳动物，如美洲驯鹿、麋、多尔羊等。

资源特产：到目前为止，在这一带的地下已经发现钨、铜、铅、锌等矿藏，还有大理石、花岗石和金刚石等。

游览须知：园内没有公路可通，只有乘坐飞机或者沿纳汉尼河逆流而上，才能进入园区。

温泉周围排着一层层石阶，每处石阶占地约20多平方米，但它们不是人工砌成的，而是由温泉矿物质沉淀而形成的石华岩，经历了上万年的时光，才有了今天的模样。这里的温泉一个个都平如明镜，蒸汽冉冉，水温能达到摄氏40度左右，池畔长着苔藓和小花。能在如此高寒的地带洗个热水澡，那感觉绝对不同一般。

整个纳汉尼国家公园地形复杂，地貌多变，堪称大自然的杰作。水凿而成的洞窟，高出水面数百米弯曲的古河道，坐落在岩石上不受侵蚀的玲珑纤巧的土柱，都是不可多见的地质奇观。只是这里实在太过荒凉，一般人没有勇气弃舟上岸，更不敢深入到公园深处，只得与那些美景失之交臂。

不过，沿着纳汉尼河游览，仍然能够感受到这里的苍凉之美。从上个冰河时代逃离出来，这里的景物几乎没有什么变化，大峡谷还是那样险峻，纳汉尼河水面上的漩涡还是那样深不可测，岸上到处逡巡的棕熊虽然是这里的匆匆过客，但它们脚下的土地却是亘古未变。能够保护这块从未被开发的土地不被开发，让这里没有道路也没有人群，这恰恰是纳汉尼国家公园的宽阔肩头所担起的光荣使命。

Tierra Del Fuego National Park

火地岛国家公园

海岛积雪的奇景
欣赏湖光山色的好地方
世界上位置最南的自然保护区

Tierra Del Fuego National Park

地理位置:火地岛位于南美洲南端,隔麦哲伦海峡同南美大陆相望,主岛面积为4.87万平方千米,群岛总面积约7.3万平方千米。约2/3属智利,1/3属阿根廷。火地岛国家公园坐落在火地岛的南端,在阿根廷境内。

自然概况:占地63平方千米。园内有雪峰、山脉、森林、湖泊,呈现出极地风光。

气候条件:属温带海洋性气候,盛行西风。1月份最高气温达30℃以上,7月份最低气温在-12℃左右,偶尔会降到-20℃。年均降水量为510毫米。

动植物分布:山岭高处生长着茂盛的山毛榉树林,海域中盛产鱼、蟹、贝类等,有些岛屿上常有鸟类和海豹聚居。

资源特产:附近蕴藏着丰富的石油和天然气资源,已经开始开采。

游览须知:四季皆可游览,但冬天较冷,日照只有7个小时,最佳游览季节为11月至来年3月。

打开世界地图，一眼就可以看到，除了南极洲外，阿根廷最南端的火地岛是地球上最靠南的一块陆地。对于中国人而言，称它为“天涯海角”丝毫不为夸张。

1520年，葡萄牙航海家麦哲伦率领着由5艘小船组成的一支船队，沿着南美洲大陆东岸南下，来到了一条曲折迂回的水道，这里到处都是荒岛礁石，凶湧的急流四方乱窜，海水中还时常飘浮着巨大的冰块。忽然，在夜色沉沉的南侧岛屿上，亮起了神秘的火焰，还能隐约看见飘拂的烟柱。于是，麦哲伦就把这块陆地称为“火地”。在这条狭窄的水域里，麦哲伦的船队遭遇了强烈的暴风雪，又发生了水手的叛变，但最终都化险为夷，艰难地驶过了这条“羊肠小道”，进入了一片广阔的海洋。这里风平浪静，麦哲伦称它为“太平的海洋”——这就是太平洋名字的由来。麦哲伦组织的这次远航证明了地球是圆的，后人为了纪念麦哲伦的伟大功绩，就把这条连接大西洋和太平洋的海峡命名为“麦哲伦海峡”

火地岛虽然早早地就有麦哲伦为其命名，但随后的几个世纪一直寂寂无闻，直到达尔文的进化论问世后，这个小岛才得以扬名世界。1832年，达尔文乘英国海军勘探船“贝格尔”号来到火地岛上，对这里进行了详细的地质和生物科学考察，这些都记载在达尔文的日记里。火地岛东部那座海拔2135米的达尔文山，就是以这位著名科学家的名字命名的。

在火地岛上，达尔文还深入到印第安人部落中间，了解他们的生活和习俗。

最早定居在火地岛上的居民是印第安人中的雅玛纳人，他们早在1000年前就创造出了自己的语言和文字，但直到达尔文登岛时，仍然过着食不果腹的悲惨生活。除了独木船，他们几乎一无所有，为了争夺悬崖下和海岸上的贝壳、鱼类和海豹，两个部落常常大打出手。当年麦哲伦的船队经过麦哲伦海峡时，岸上的土著不知道来了什么人，就点燃堆堆篝火以报警，没成想让这个岛屿就此有了名字。

火地岛上的印第安人善良、诚实、好客，给达尔文留下了深刻的印象，同时他又为他们可怜的境遇叹惋不已。然而,这也许只是外人的感觉,世世代代以渔猎为生的土著人并不觉得他们需要同情。真正给他们带来灭顶之灾的恰恰不是生存条件,而是19世纪上半叶蜂拥而至的英美移民。他们先是带来了当地从未有过的古怪的传染病,1870年岛上流行起了黄热病,当地的雅玛纳人有一半死于非命。殖民当局接着又对土著大开杀戒,规定杀死一个土著居民可得到一英镑黄金。到了20世纪初,火地岛上所有的土著居民都死光了,据说只是在智利管辖境内留下两户原住民。而在阿根廷境内,只剩下一尊青铜塑像矗立在乌斯怀亚的码头上。这是一位雅玛纳男人,他身披兽皮,腰间挎着弓箭,表情忧郁,正在低头沉思。这尊雕像是白人的后代立的,大约包含着替先人谢罪的意思。

乌斯怀亚是位于世界最南端的城市,也是火地岛上阿根廷地区的首府。在印第安语中,“乌斯怀亚”意为“观赏落日的海湾”。这是一个以白雪为头,以大海为足的小城,面对连接着两大洋的比格尔海峡,后面是雪白的勒马尔歇雪峰,山坡上布满了原始森林,平地则青草过膝,牛羊成群。日落时登上山冈,眺望晚霞映照下的海湾,只见水天一色,云霞似锦。城中的主要街道圣马丁大街两旁的建筑随着地势而起伏,色调丰富多彩,精巧别致,如同到了童话世界。

乌斯怀亚小城不大,常住居民只有45000人左右,但战略位置十分重要。它扼守着比格尔海峡的咽喉,湾内水深湾阔,是理想的避风港,阿根廷海军在这里建有基地。从这里往东可达马尔维纳斯群岛,向西濒临大西洋,离南极半岛只有960千米,由此成为世界上通往南极大陆最近的门户。从新西兰、澳大利亚和南非乘船到南极需要10天至半个月时间,而从乌斯怀亚起航,越过雷德克海峡,只需要两天时间便可到达南极半岛,所以各国赴南极考察船多以此地为后方基地,美国的“英

乌斯怀亚

Tierra Del Fuego National Park

雄”南极考察队的总部就设在这里，这里也成了南极科学考察的中转站和补给基地。

来到乌斯怀亚，便可以就近游览火地岛国家公园。为了保护岛上的自然环境，阿根廷政府于 1960 年建立起了这座公园。它从海边起，包括大片的山峦湖泊和原始森林。公园的入口处有一座圆木搭起的牌楼，正面用西班牙文写着“火地岛国家公园”的字样，背后写着这样一行字：“认识祖国是你的义务。”

进入国家公园中，沿着林间小道行进，远处的山毛榉、野樱桃、桦树一片郁郁葱葱，近处的山坡上开满了名叫“奇比诺”的花，有红色的，有紫色的，还有鹅黄色的，艳丽多彩。由于这里一年到头风力强劲，加上土层瘠薄，树根扎不深，使得很多树木东倒西歪，好像喝醉酒的醉汉，还有的干脆匍匐在地上，可能是“一醉不醒”了。往高处望去，茂盛的山毛榉树枝上挂满了黄色的葫芦，它们并不是树的果实，而是一种寄生菌，当地人称为“印第安人面包”，据说可以采摘食用。

在火地岛国家公园的树林中漫步，常常会看到一片片被毁坏的林木，残存的半截树桩尖端如同削过的铅笔。这可不是人类乱砍滥伐造成的，而是海狸的“杰作”。火地岛上生活着大约 25 万只海狸，这里几乎每个池塘都能看到它们的踪影。这种小动物外表看上去很是温顺可爱，却是伐木筑巢的天才，凭借着一副尖牙利齿，轻易地就能咬断树干，然后用树枝和碎木在湖里筑坝，构建起一座不透水的巢穴，就像四周带护城河的城堡。它们这样做一是为了躲避天敌，二是为了方便捕猎，但对园中的树木毁坏很大，已经成为一大公害。

火地岛国家公园还是一个欣赏湖光山色的好地方，这里的法格纳诺湖方圆上百千米，湖水极清极静。湖周围群山环抱，人迹罕至，站在湖边远眺群山密林，耳边几乎听不到一丝声息，让人真正体会到了“静谧”二字的真正涵义。湖边有朴素无华的木结构旅舍，在那里住上几天，一定能体验到什么是世外桃源。

走在公园中的林间，时常会看见活蹦乱跳的野兔，而到了公园最南端的巴黑亚海湾，又能看到步履蹒跚的海豹，见了人也不知道躲避。湛蓝的海面上，波浪汹涌，起伏的海水翻腾着一排排白色的浪花。远处，偶尔会有一两只追逐嬉戏的海豚跃出海面。

在沙滩的中部，有一个木头搭建的栈桥，支撑栈桥的两排木头柱子上插满了阿根廷国旗，用以表示和大陆相连的阿根廷国土的最南端就在这里。站在栈桥上极目远眺，一座座海岛挡住了人们的视线。这些岛屿的腰间都被一条整齐的水平线分开，上部覆盖着厚厚的积雪，在阳光的照耀下发出刺眼的白光，下部是绿色的原始森林，构成了在别处难得一见的奇景。

这些海岛中最有名的是鸟岛和海豹岛。鸟岛上密密麻麻全是各种飞鸟，有的在地上觅食，有的在高空盘旋，水面上成群的水鸟此起彼落，一片繁忙景象。海豹岛上到处都是海豹，它们或横卧岩石，或昂首挺胸，憨态十足，野趣盎然。

巴黑亚海湾的沙滩不太宽，白白的沙子也不细腻，但海滩上到处都散落着被海水冲刷出来的贝壳，虽然称不上多么美丽，但种类很多，引诱着游人很想拣几块回去做个纪念。但是这里的工作人员会告诉你："来到这个国家自然公园，除了你的脚印之外，什么也不能留下；除了你的快乐之外，什么也不能带走。"这句话适用于所有的自然保护区，也适用所有到自然保护区游览的人们。在你不知道如何保护大自然之前，最好的办法是不要伤害它，哪怕是一丝一毫。

巴黑亚海湾

Tuoleide Paine National Park

托雷德裴恩国家公园

未被污染的处女地
被誉为“绝美的蓝色地带”
被划为生物圈保护区

Tuoleide Paine National Park

地理位置：位于智利西南部的巴塔哥尼亚高原上，这个高原介于根廷南部和智利之间，从里奥科罗拉多向南一直延伸到麦哲伦海峡，从安第斯山脉向东一直延伸到大西洋。

自然概况：占地面积为2421平方千米，园内汇集了很多冰川、湖泊、河流、森林和瀑布。1959年被定为国家公园，1978年被联合国教科文组织划为生物圈保护区。

气候条件：属南温带大陆型气候，寒冷多风，1月~5月相对比较温暖，平均气温为12℃。年降水量不足300毫米。

动植物分布：园内有40多种哺乳动物以及大约105种鸟类，这里特有的动物有栗色的羊驼、兀鹰等。

资源特产：西部有铁、锰、煤、铝土、金、银等矿藏，东部大西洋海域中蕴藏有石油、天然气。

游览须知：当地酒店不备个人洗漱用具，请自行准备。治安状况良好，但在旅游观光区及人流密集之处，要注意小偷。

位于巴塔哥尼亚高原上的托雷德裴恩国家公园是一个蓝得异样的世界。它的名字中的“裴恩”一词在德卫尔彻人的语言中，意思就是“蓝色”，“托雷德裴恩”则是“蓝色的众峰”的意思。德卫尔彻人是印第安人的一个分支，西班牙人入侵后，整个民族遭到灭绝，但他们留下的“裴恩”，却是对这里的景物最简单也是最恰当的概括，也许只有世世代代生长在这里的土著，才能提炼出这样一个简单而确切的词汇。

走进托雷德裴恩国家公园内，你就进入了一个蓝色的世界里。天空是蓝色的，湖泊也是蓝色的，据说这是因为水中一种海藻的作用。园中最美的地方是拉哥裴赫湖，这里的湖水蓝得甚至有些怪异，世上再难找出和它一样蓝的东西，仿佛根本就不是自然界的产物，而是上帝专门为这方湖水创造出来的颜色。就连这里的冰川都带着蓝色。挂在托雷德裴恩峰一侧的格雷冰川，它是十几万年的积雪造化而成的，一些大冰块从冰川上崩裂下来，漂浮在格雷湖里，让阳光一照，映出幽幽的半透明的蓝色。

托雷德裴恩国家公园中最壮观的景色就是那被厚厚的冰川紧裹着的雪峰。远远望去，塔状的托雷德裴恩峰就像一把直插云霄的寒光闪闪的宝剑，放射着亮闪闪的寒光，与它并列的柯尔诺德裴恩峰好像一副染白的巨

大鹿角，两边逶迤绵延的雪峰犹如一条条银蛇，在云雾中时隐时现地舞动着。赶上晴空万里的时候，阳光普照，一座座雪峰顶上熠熠生辉，山脚下互不相连的湖泊则显现着蓝和绿的不同色彩。据说那是因为湖床岩石里含有成分不同的矿物质，原理和中国九寨沟众多的彩色海子差不多。

对当地人来说，柯尔诺德裴恩和托雷德裴恩这两座雪山有着不平凡的来历。相传很久以前，这一带住着一条邪恶的大毒蛇，它制造了一场大洪水，想要灭绝居住在托雷德裴恩的部落。洪水退去后，毒蛇偷去了部落中最强壮的两名勇士的尸体，把他们变成了石头。当地人相信，这两座山峰就是那两位勇士变成的，他们守护着臂弯里的那蓝色的湖泊，也守护着生活在托雷德裴恩的人们。

世世代代的印第安人将这里的雪峰奉为神山，即使没有机会到托雷德裴恩国家公园来，对此也很好理解；很多外国游人都把这里称做“人间最后的天堂”，这个说法只有那些有幸到过这个地方的人才会真正理解。冰川、湖泊、河流、森林和瀑布，这些景致固然很美，但大自然并非只赏赐给托雷德裴恩这一处，但放眼整个地球，像这样未被丝毫污染的处女地实在难找啊！走到冰湖边，抓起几个冰雪碎块放在手里，淡淡的蓝色顿时消失，变得晶莹剔透，纯净得不能再纯净了。将它们放大开来，整个托雷德裴恩国家公园都是这样纯净得不能再纯净，也就神奇得不能再神奇了。

托雷德裴恩能够保持住这份超凡脱俗的纯净，跟它地处偏僻大有关系，而且这里气候多变，寒冷多风，到了冬天一般人不敢涉足。夏天是游览托雷德裴恩最好的季节。在冰峰雪岭的俯瞰下，绿茵茵的草地无边无际，道路两旁不时有野兔在欢快地奔跑，还有一些不知名的动物在顽皮地嬉戏，偶尔还能看到一两只苍鹰从蓝天上一掠而过。在山脚和山谷之间，潺潺的雪水汇成了一个个美丽的小湖，明净如镜的湖水倒映出雪山、草地、蓝天、白云，组成了一幅绝妙无比的风景画。

生活在托雷德裴恩的数百种野生动物也该感谢这里的荒凉。只要没有人类这个最厉害的天敌，它们就可以过着自由快乐的生活。因为从未见识过猎枪之类的物件，它们根本不知道害怕，如果你有机会在这里的山间远足，很可能会碰到这一带特有的动物驼马。它们只顾悠闲地吃草或漫步，即使你走到距它们咫尺之遥的地方，几乎能感觉到它们的呼吸，它们也不会走开。

遥想当年，托雷德裴恩的野生动物应该比现在多得多，起码有一种巴塔哥尼亚巨鸟现在已经看不到了。这种鸟生活在1200万年前，外貌与阿根廷巨鸟相似，也是嘴巴宽大好似鹦鹉嘴，翅膀严重退化，不会飞行，但两条腿又长又粗，善于在地面上奔跑。假如那个时候就有人类，那时候的人类就知道成立自然保护区，这种大鸟会不会活到今天呢？对于如今尚在绝境中挣扎的的动物来说，做这样的假设还是有意义的。

如果你在冬天来到托雷德裴恩，除了广阔的冰雪世界，有一种不知名的树肯定会给你留下极为深刻的印象。它们有的孤单单地一棵两棵迎冰而立，有的一片两片依雪成林，长满了整个山谷和山腰。不管多与少，它们都是一年四季青翠茂盛，勇敢地与令人胆寒的白色冰川相对峙。为了抗击冰川上长年吹来的大风，它们的树干、树枝和树叶都齐刷刷地倾向一边，仿佛排列整齐的士兵，遵照着同一个号令，一起向一侧看齐。

更令人叹服的是，这种树上生有一种寄生虫，专门以它的叶子为食，几经蚕食，有些树的叶子就快被吃光了，几近枯萎，但这样的打击奈何不了它，过些时日又会顽强地生出新叶来，依旧以鲜活的绿色对抗着冰川的单调和苍白。托雷德裴恩的冰川也许不需要绿色，也许没有绿色也无碍景色的美丽，但没有绿色却永远成就不了人世间最动人的风光。

卡奈玛国家公园

委内瑞拉最大的自然保护区
被誉为“瀑布之乡”
有各种各样的珍禽异兽

Canaima National Park

Canaima National Park

地理位置:位于委内瑞拉东南部,坐落在圭亚那高原卡劳河与卡罗尼河会合处的上游。

自然概况:面积300万公顷,公园内有一望无际的热带雨林和开阔的草地,还有世界上落差最大的安赫尔瀑布。

气候条件:属热带草原气候,白天酷热,日夜温差很大,年平均气温为26℃~28℃。年降雨量为1500毫米~2000毫米。

动植物分布:园中的珍禽异兽有美洲虎、虎猫、树獭、犰狳、刺豚鼠、水豚、负鼠、鳄鱼、大鹰、鹦鹉等。当地主要经济作物有咖啡、可可、甘蔗等。

资源特产:公园附近有铁、铝、金、煤等矿藏。旅游纪念品有朗姆酒、雪茄烟、保健用品和手工艺品等。

游览须知:委内瑞拉为登革热、黄热病等热带病高发地区,旅游者应注射抗黄热病疫苗,目前尚无登革热疫苗。

Canaima National Park

柯南·道尔是英国杰出的侦探小说家,他所创造出来的福尔摩斯这个大侦探的形象曾经风靡世界,征服了无数读者。不过,柯南·道尔并非只会写侦探小说,他还写过一本幻想小说,名叫《失落的世界》。这部小说的主人公不是福尔摩斯,而是一位脾气火爆的教授,他率领一支探险队深入到一个平顶山区,意外地发现了一个进化程度停留在亿万年前的世界。在那里,他们经历了各种惊险场面,庞大的恐龙,凶狠的人猿,都曾让他们魂飞魄散,但最终还是有惊无险,带着一只翼手龙回到伦敦。

这个神秘的世界并非出自柯南·道尔的凭空想象,他的创作灵感来自于委内瑞拉东南部的高原。在那里人迹罕至的热带雨林中,耸立着一些被当地帕蒙人称为"特普伊"的平顶山。山下生气盎然,猴子的吱吱叫声和金刚鹦鹉的啼鸣此起彼落,山顶上则是一片热带稀树草原的景象。由于亿万年来与四周平地隔绝,而且没有受到过人类的打扰,这里的许多动、植物都是外界没有的。比如有一种原始蟾蜍,体长不到 25 厘米,遍体疙瘩,皮色黝黑,既不会跳跃,又不游泳,只能缓缓地爬行。

这一带最大的平顶山群位于委内瑞拉、巴西和圭亚那三国交界处,称为罗赖马山,高 2810 米。"罗赖马"是当地人的称谓,意为"河流的母亲"。大约 3 亿年前,这里是一片浅湖和三角洲,栖息着柯南·道尔小说中描写的翼手龙及其他史前怪兽。后来因为地壳运动而隆起，好像一艘大船的船首，如今在它顶部的岩石上还能看到水波纹的痕迹。

1595年，英国航海探险家雷里爵士寻找传说中的黄金国，曾来到过到罗赖马山，见到了一座光彩耀目的水晶山，山上“一道洪流夺崖而下，激起隆隆的水声，仿佛一千口大钟互相撞击”。这条闪闪发亮的山谷，就是罗赖马山中的克里斯托谷。

由于山多，河流就多，这一带有1000多条河流穿山过岭，跌宕起伏，形成了大大小小上百条瀑布，它们把山体切割成一个个小块，远远望去，就好像浩瀚碧海上散布着一个个小岛。在那云蒸雾罩的深处，隐藏着世界上落差最大的瀑布——安赫尔瀑布(“安赫尔”是英语“天使”的译音)。它宽150米，落差达979.6米，大约是尼亚加拉瀑布高度的18倍。

安赫尔瀑布是一个两级瀑布。第一级由山顶直泻至一个结晶岩平台，落差807米；接着又下跌172米，落进一个宽152米的大潭里。每当晨昏之际，云雾弥漫崖顶，一条英姿勃勃的银龙在高山峭壁之间凌空飞垂，发出隆隆的雷鸣声，溅得整个山谷珠飞玉散。在阳光的照射下，柔媚的水雾上又会悬挂一条美丽的彩虹，仿佛舞龙者撒出的彩绸，在有意引逗着这条奔腾咆哮的蛟龙。瀑布两旁山石嶙峋，参天古木上藤缠葛绕，更为它的壮丽增添了几分肃穆。

安赫尔瀑布位于卡劳河的源流丘伦河上，这条河发源于圭亚那高原的奥扬特普伊山，隐藏在密林丛生的高山幽谷之中。由于地处偏僻，交通不便，过去只有当地的印第安人才知道这个瀑布

的具体位置，并为它取名为“出龙”。直到 1935 年，才有一个名叫卡多纳的西班牙人发现了它的踪迹。不久，一位探险家找到了美国飞行员安赫尔，向他绘声绘色地描述了一条藏在茫茫丛林中的“金河”，那里潺潺的流水冲积着耀眼的金子。探险家要求安赫尔用飞机带他去那条溪流，还事先付给他 5000 美元的酬金，但要他保证绝不将这条溪流的位置告诉给任何人。安赫尔的飞行技术非常高超，据说可以在“一角硬币上着陆”。看着那么多美元，他不禁怦然心动。结果，这一趟探险大获丰收，那位探险家带回了 75 磅重的金块，在巴拿马卖了 2.7 万美元。

飞来的横财很难说到底意味着好运的开始还是结束，回来后没有多长时间那位探险家就得病死了，而安赫尔一想到那条“金河”就有些心痒，于是再次驾着飞机来到委内瑞拉，穿过一层层茂密的原始森林，寻找那个黄金遍地的地方。然而，他费尽千辛万苦，也没有找到金子，却在无意中

Canaima National Park

发现了一条银链般的瀑布。后人为了纪念他的这次探险，就将这条瀑布命名为“安赫尔瀑布”。1956年，安赫尔在巴拿马因飞机失事不幸遇难。按照他的遗愿，人们将他的骨灰全部洒在安赫尔瀑布上，让他永远与这一方青山秀水相傍相依。

安赫尔瀑布的下游就是卡奈玛小镇，它坐落在卡奈玛湖畔，几十间形态各异的白墙小屋和凉亭错落有致地散布在湖岸上。它们都用棕榈叶盖顶，在烈日的映照下煞是好看。这里的建筑不用一砖一瓦，木头、草编、树藤、吊床随处可见。长途跋涉而来的游人躺在吊床上，很快就会悠然入梦。不过，在你睡意蒙眬的时候，却会有一阵奇异的声响进入你的耳朵。它似乎来自极为遥远的地方，浑厚深沉，雄浑激越．一阵高，一阵低，隐隐约约，仿佛山谷中的林涛喧腾。

实际上，这声音来自瀑布。这一带河流交错，高山壁立，飞瀑争喧，被誉为“瀑布之乡”。除了安赫尔瀑布外，还有两组最大最壮观的瀑布群，一组在阿恰，一组在龙里。阿恰瀑布群水量大，水流急，众水汇流处就是宽阔的卡奈玛湖。

这里最为气势磅礴的是“斧头瀑布”，宽200米，落差100多米，好似千万头猛兽互相扭打着从高空翻滚下来，猛烈地跌入深渊，激起巨大的浪涛，水声如雷，仿佛群龙呼啸，飞出山林，向远方飘荡。

卡奈玛公园中的气候变化极快，刚才还是碧云晴空，转眼间就是暴雨倾盆，地动山摇，又是一转眼，只剩下泥泞的山路和枝头上晶莹的水滴作为暴雨的见证。据当地的印第安人说，这种怪天气是因为这里的瀑布太多，不断升腾的水雾飞到空中就变成了雨。每天这里都会不定时地下一场雨，而且往往来势凶猛，但不会持续多久。

在卡奈玛国家公园中游览，可以乘游艇逆河而上，沿途观看两岸遮天蔽日的原始森林，欣赏那一幅幅水帘般倾泻而下的银瀑。还可以到丛林中去做一次远足旅行，访问印第安村落，了解印第安人捕鱼狩猎的原始生活。这里有很多私人小飞机出租，游人坐在飞机上虽然听不到瀑布的轰鸣声，但透过蓝天白云，可以看到一条条雪白的练带飘然而出，别有一番韵味。乘坐飞机在这里盘旋穿行，俯瞰下面的高山峡谷，颇有惊心动魄之感，所以凡是有过这段经历的人，都会获得一张特制的证书，证明你是一位“勇敢的探险者”。

巨大而壮美的画卷

在天地之间

挥洒着粗犷而美丽的笔触

Great Barrier Reef

大堡礁

世界上最大的珊瑚礁区
世界七大自然景观之一
号称“透明清澈的海中野生王国”

Great Barrier Reef

地理位置:位于澳大利亚昆士兰州以东,巴布亚湾与南回归线之间的热带海域,太平洋珊瑚海西部,绵延于澳大利亚东北海岸外的大陆架上,北面从托雷斯海峡起,向南直到弗雷泽岛附近。

自然概况:全长2011千米,最宽处161千米,南端最远处离海岸241千米,北端离海岸仅16千米。总面积达20.7万平方千米。北部排列呈链状,南部散布面宽达240千米。大堡礁水域共约有大小岛屿600多个,其中以绿岛、丹客岛、磁石岛、海伦岛、哈米顿岛、琳德曼岛、蜥蜴岛、芬瑟岛等较为有名。

气候条件:属热带气候,主要受南半球气流控制。以它的最南端为例,一年中最寒冷的月份是7月~8月,日间温度约为21℃,最炎热的月份是1月~2月,日间最高温度可达29℃。年均降水量为1200毫米。

动植物分布:生存着400余种不同类型的珊瑚礁,大约1500种热带海洋鱼类,软体动物达4000余种,聚集的鸟类有242种。

资源特产:岛上的鸟粪,海域中的鲸鱼、海参、珍珠贝等都是当地的珍贵资源。

游览须知:在澳大利亚的凯恩斯、汤斯维尔、道格拉斯港、麦基等城市都可以乘坐豪华高速邮轮前往大堡礁。

Great Barrier Reef

大堡礁所在的海域称做珊瑚海,它是世界上最大的海。这一带的海面上分布着世界上最大的三个珊瑚礁群,分别是大堡礁、塔古拉堡礁和新喀里多尼亚堡礁,以大堡礁最大。它像一条长带斜卧在澳大利亚东北部,大部分礁石隐没在水下,露出海面的成为珊瑚岛,它们星罗棋布地散落在900多平方千米的海面上,好像一列列城堡,守卫着澳大利亚的东北海防。

大堡礁所在的珊瑚海又是世界上最美丽的海。众多的环礁岛、珊瑚石平台,好像天女散落在海面上的花瓣,又仿佛夜空中的繁星落到人间。从空中俯瞰,礁岛宛如一个个碧绿的翡翠,熠熠生辉,而若隐若现的礁顶则如艳丽的花朵,在碧波万顷的大海上怒放。走上珊瑚岛,那又是另一番景象。丛林藤葛,郁郁葱葱,热带丛林的边缘铺展着白沙耀眼的海滩。美国航海家詹

Great Barrier Reef

Great Barrier Reef

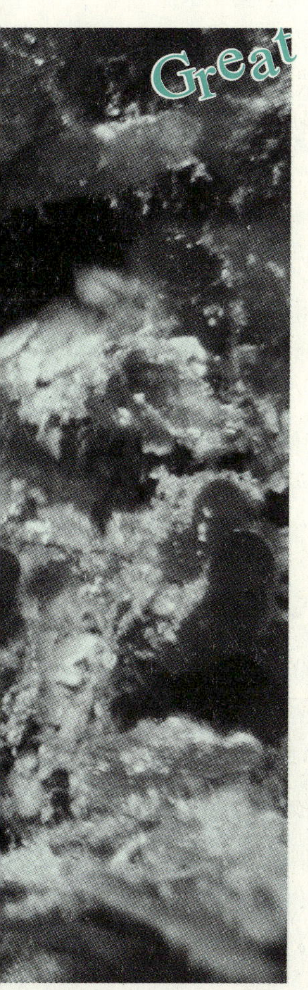

姆斯·米切纳在《回到天堂》一书中这样描写这里的景色："稠密的棕榈树，高耸的树冠随风摇摆，惊人耀眼的沙土，银光粼粼，珊瑚礁外侧巨大的浪花喷射到百英尺的高空，这是世界上绝无仅有的奇景啊！"

有着2500多年历史的大堡礁堪称地球上最美的"装饰品"，它像一串闪烁着天蓝、靛蓝、蔚蓝和纯白色光芒的项链，装饰着色彩斑斓的珊瑚海，据说从月球上往地球上望来，它也清晰可见。

然而，颇为令人费解的是，最先目睹大堡礁美景的欧洲人并未用丰富的词汇来描述它的美丽。早在1606年，西班牙人托雷斯在海上航行到昆士兰北端受到暴风雨袭击，就驶过托雷斯海峡到过这里。1770年，库克船长驾驶的"奋进"号在大堡礁撞了个大洞，被迫搁浅，后来船被拖到库克镇停靠了7周时间。1789年，布莱船长率领"邦提"号上忠于他的船员，驶过翻滚在礁石旁的激流，也来过大堡礁。这么多人当中，只有随同"奋进"号进行科学考察的植物学家班克斯留下一段记录，写下了他初次见到大堡礁时的惊讶心情："我们刚刚经过的这片礁石在欧洲和世界其他地方都是从未见过的，但在这儿见到了，这是一堵珊瑚墙，矗立在这深不可测的海洋里。"

也许并不能怪那些人对大自然的美景视而不见，也许他们是无暇欣赏。大堡礁美则美矣，但它那些明岛暗礁确实是海上交通的一大障碍。船行至此，只能沿着一些弯曲而危险的航道前进，即使是航海老手，也是小心翼翼，哪里还有心思东张西望。正因为大堡礁地势险恶，这一带才建有大量的航标灯塔，有些已成为著名的历史遗址，有的经过加固至今仍在发挥着作用，同时也成为一道景观。

还有一个重要原因，那就是大堡礁真正的动人之处不在海面上，而是在海底。1976年，澳大利亚联邦政府及昆士兰州政府共同成立了大堡礁海洋公园管理局，负责保护和管理这个世界上最大最特殊的天然公园——它的大部分在水底。

游人来到大堡礁，如果赶上涨潮，也会感到困惑，那大名鼎鼎的礁石到哪儿去了。请你不要急，这里的礁石大部分都在水下，有些只在落潮时才露出水面。坐上专为欣赏水下美景而设计的玻璃潜水艇，一个奇异的海底世界就会渐渐展现在人们的眼前。先说珊瑚礁的形状，那可真是千姿百态，未可名状。有的似开屏的孔雀，有的像雪中开放的红梅，有的浑圆似蘑菇，有的多叉如鹿角，白如飞霜，绿似翡翠，还有的是像七弯八绕的绳子，有的像撑开的大伞。有些形状完全超出了人类的想象，只能感叹大自然的造化之功。

再说颜色。有红的，有绿的，有黄的，有蓝的，有紫的，有橙的，有白的，有黑的，那真是色彩斑斓，绚丽多姿。人类所能合成出来的颜色，在珊瑚礁上几乎都能找得到；而珊瑚礁所呈现出来的好多颜色，连最高明的绘画大师也只有模仿的份儿。

如此美丽的大堡礁是谁建造出来的呢？说起来你也许不会相信，它竟是小小的珊瑚虫的杰作。珊瑚属于无脊椎腔肠动物，它由数以亿计的小单位组成，我们叫它珊瑚虫。珊瑚虫小的只有几毫米长，大的也不过1厘米左右。它们紧紧地拥

挤在一起，把根扎在礁石上，组成一个大家庭。每个小珊瑚虫都有吸取营养和繁殖后代的本领，老的珊瑚虫死了，新生的珊瑚虫就在死去的珊瑚骨骼上继续生长，不断地分泌出石灰质或角质，你压着我，我挤着你，分不清父辈或晚辈。就这样年复一年，后辈踏着前辈的尸骨，堆积得越来越高，慢慢形成了珊瑚礁。又经过相当漫长的岁月，珊瑚礁露出了海面，逐渐扩大成了珊瑚岛，数以亿计的珊瑚虫们最终把集体的生命化为惊世的辉煌。

珊瑚礁有三大类型：裙礁、堡礁和环礁。裙礁位于陆地的边缘，就好像裙摆一样，所以得名裙礁。环礁从空中望下去，形状好像一个圆环，所以得名环礁。堡礁又称“离岸礁”，和陆地之间隔着宽带状的浅海潟湖，好像隔着一条护城河，所以得名堡礁。大堡礁是世界上最美丽、最大的堡礁。需要指出的是，大堡礁的一部分岛屿其实是淹没在海中的山脉顶峰，并不全都是珊瑚礁。

在大堡礁水域里，有名的岛屿很多，其中为人所熟知的有绿岛、海曼岛、丹客岛、磁石岛、海伦岛、哈米顿岛、琳德曼岛、蜥蜴岛、芬瑟岛等。

前往绿岛必经凯恩斯。凯恩斯位于澳大利昆士兰州的东海岸，人口只有11万，却是大堡礁的门户，天气好的时候，站在岸边就可以遥望绿岛。绿岛距离凯恩斯只有15海里，坐船一个多小时就到了。岛屿不大，岛外环绕着一圈细白色的沙滩，岛上绿林摇曳，微风吹拂，恍如世外桃源。为了避免对珊瑚礁造成损坏，凡是来岛的船只都要停泊在几百米外，人们通过栈道上岛。

在绿岛上观光游览，和在大堡礁的其他岛屿一样，除了传统的海滨观光

Great Barrier Reef

休闲节目外，游人们都可以用陆海空三种方式观景。所谓陆上观景，常常是不需要动弹一步的。无须选择地方地坐下来，无须选择方向地望去，触目便是珊瑚海的天堂美景，绮丽的热带风光让人陶醉。所谓空中观景，就是乘坐直升飞机在珊瑚礁上空盘旋，俯瞰纯白的沙滩，湛蓝透明的大海，郁郁葱葱的树木，就好像在观赏一个无比美丽的热带大鱼缸。

相比之下，海上观景要比前两种更有特点，花样更多，也更受游人的欢迎。最大众化的海上观景方式是乘坐旅游船，到海上兜兜风。这里的海水大约比世界上任何地方都清澈，湛蓝透明，仿佛一块巨大的蓝宝石，视觉上毫无阻隔，能达到水底 15 米。坐在船上往下望去，那真是连眼睛都不舍得眨一下。这种旅游船的底部都镶着透明的有机玻璃，透过船底，人们可以看到洁净的海水中千姿百态的珊瑚，五彩缤纷的热带鱼，美丽的海螺，硕大的海参，有时还会有笨拙的海龟贴着船底游过，令人大饱眼福。

如果是在夜色朦胧的时候，你不妨亲自驾着一叶扁舟在这里的海面上荡游，就会发现一片片奇妙的“火海”。随着你手中船桨的每一次划动，水面上就会泛起一层层闪闪发光的水波，从桨上落下的水滴，也似水银般地发出粼粼碧火。原来，这种神奇的海洋表层发光现象，是由海水中会发光的浮游生物引起的。

如果你是在春季的某个宁静的夜晚来到这里，还会看到一个十分壮观的景象。水下的珊瑚群突然覆盖上了一层斑斑点点的玫瑰红色，连海面也变成了粉红色。很长时间以来，没有人能解释清楚这一现象，于是就流传起这样的说法：在一年之中的某个黎明时分，海洋女神就会繁育后代，于是海面上就变得色彩斑斓起来。

经过生物学家的研究，很快就揭开了这里的奥秘。原来，海面变色是珊瑚繁殖的结果。在珊瑚的生殖活动开始前的几个小时里，珊瑚的触手就出现了变化，平时是伸展着的，现在收缩起来，而且显得柔软膨胀。突然，就在短短的几秒钟里，无数的雄性配子就被珊瑚射出来，到处游荡着寻找同时被雌珊瑚释放的卵细胞。因为珊瑚的卵太多了，所以海水就变成了玫瑰红和橘黄色。

隔着有机玻璃观景毕竟有隔靴搔痒之感，于是乘坐潜艇潜入海底观景的方式就应运而生。如果你觉得这样还不过瘾，那就索性穿上潜水衣，脚戴潜水蹼，直接融入多姿多彩的海底世界。在大堡礁沿岸的各个小镇、各个岛屿，都能找到为"潜水"项目或"用通气管或呼吸器潜航"而举办的短期训练班。学成之后，游客们便可以凭借导游所提供的面具、水下呼吸器等设备，遨游在太平洋温暖的柔波里，尽情体会在海底与鱼蟹共舞的滋味，领悟生命的丰富多彩。

大堡礁最神奇最美妙的地方就在它的海底，潜入海底才是最完美的大堡礁之旅。珊瑚礁是海洋生物最好的安家之所，这里食物丰富，而且易于藏身，成群结队的珊瑚鱼穿梭而行，招摇而过。它们有的披金挂银，有的穿红着绿，形状更是千奇百怪。蝴蝶鱼酷似一只只美丽的蝴蝶翩翩飞舞，酪鱼金银色的鳞片反射出霓虹一样的光彩，隆头鱼、鹦鹉嘴鱼钻进盛开的海葵中，眨眼间就

不见了踪影。

绝大多数游动在海水上层的海鱼体色都很单调，而珊瑚礁中的鱼类几乎全都有着艳丽的颜色，而且身上的条纹、斑点、亮暗对比以及形状等都各不相同，真是美不胜收。有了它们的装扮，大堡礁的海底世界简直就成了一个大花园。不过，你可不要被珊瑚鱼鲜艳的颜色迷住了双眼。一般来说，颜色越艳丽的珊瑚鱼毒性越大。这是为什么呢？原来，珊瑚鱼一般都很弱小，常常会成为大鱼的“美餐”，为了保护自己，它们的体内就积聚起很多毒素，这样大鱼就不敢轻易打它们的主意。有些珊瑚鱼还会施放毒素，以麻醉猎物，方便捕食。另外，珊瑚鱼身上的毒素还能杀死隐藏在鱼鳞中的细菌。

这里的礁盘中还隐藏着一种令人生畏的石鱼。它的身长不过 30 厘米，活像一块石头，整天躲在礁石缝隙里，平时一动也不动。倘若有人不留意踩到它的背上，它身上那 13 根像针一样锋利的脊骨就会立即竖起来，放射出毒性剧烈的毒液，轻者令人难以忍受，重者就会死亡。

静静地躲在海底的巨蛤也不是好惹的。它重达 200 多千克，壳缘微微张开，好像慈善的老者在微微而笑。其实，它这是在寻机捕捉猎物。如果你好奇的把手伸进去，巨蛤壳就会立即紧闭，其力量足以夹碎你的指骨。

大堡礁海域里还有很多奇异的海洋生物,其中之一就是以好逸恶劳著称的印头鱼。它们虽然是游泳的能手,完全可以自立谋生,却懒得动弹,饿了就拣点儿大鱼吃剩的残渣,能填饱肚子就行。它的最大本事就是头顶生有一个椭圆形的吸盘,就像印章一样,一吸到其他大鱼的身上,就休想把它甩掉。

大堡礁海洋公园还是太平洋地区享有盛名的青龟和红龟的故乡。每年的12月至次年的2月间,到了夜深人静的时候,数以百计的雌龟就会乱哄哄地爬上珊瑚礁,挖窝筑巢,流泪生蛋。50多天过后,到了小海龟破壳而出的日子,珊瑚礁上仿佛迎来了盛大的节日,那些刚出世的小生命匆匆忙忙地钻出沙坑,爬向召唤它们的大海。这些海龟长大后,又会从茫茫大海中回到自己的诞生地产卵,从来不会迷失路途。它们为什么总能找到自己的老家呢?这至今仍是一个谜。

大堡礁岛屿众多,像绿岛这样的岛屿那是人人都去得的,而有的岛屿却只对个别人开放。这样的岛屿最有代表性的就是海曼岛。它距离澳大利亚东北海岸大约32千米,目前还没有直接到达海曼岛的航班,需要乘坐私人飞机在附近一座小岛上的机场降落,然后换乘游艇,才能到达海曼岛。正因为如此,这里就成了政界要员、富豪明星们常来常往的秘密度假地。

海曼岛曾经是一个牧场。1947年,澳大利亚航空业的一名富商用1万美元买下这座1300公顷的小岛。当时,他的想法就是把这座小岛打造成一个世界顶尖级的秘密度假地，于是建造出最高档的房间，还有世界上最大的游泳池，免得那些名人担心遇到鲨鱼而享受不到游泳的乐趣。他还别出心裁地在岛上挖出一条1.6千米长的地下通道，里面藏着500多名服务人员。客人来到岛上，会发现岛上只有你一个人，但你刚提出想喝一杯香槟，几秒钟之后，香槟酒就送到了你的门口。在海曼岛上可以欣赏大堡礁迷人的风光，还能感受静谧优雅的休闲生活，只是凡人望尘莫及。

离开大堡礁的时候，游人们都想买一株珊瑚，或者在沙滩上拾一个漂亮的贝壳。如果你真的打算将此付诸行动，就马上会受到劝阻。在大堡礁，只许用眼睛去感受它的美丽，采集和垂钓等活动都是不允许的，即使是对珊瑚轻微的踩踏也是犯法的，一旦违反，就会受到严厉的处罚。

美的东西是需要人类去精心呵护的。然而，仅仅是人类不去破坏，还是不能保证大堡礁的安全。珊瑚在自然界中最大的天敌就是棘冠海星。棘冠海星特别喜欢吃珊瑚虫，就像牛羊在大草原上吃草一般，将珊瑚表面的珊瑚虫啃个精光，留下白色的珊瑚骨骼。棘冠海星的食量特别大，平均一只棘冠海星一天内就会吃掉两平方米的珊瑚，一个月内能吃掉一立方米的珊瑚虫。更可怕的是，近年来棘冠海星出现"爆炸繁殖"，突然成百万只地大量出现，于是珊瑚礁就难逃厄运了。澳大利亚沿海的120个大珊瑚礁，已经被棘冠海星吃光了不少，其余的也危在旦夕。今日的大堡礁急需人类的援手，才能让这天然的瑰宝保持住原有的光辉。

Ululu National Park

National Park

乌卢鲁国家公园

园内有世界第一大巨岩

称为“文化景观”的世界遗产

当地土著人禁忌很多

地理位置:全名乌卢鲁—卡塔曲塔国家公园，位于澳大利亚北部炎热的内陆沙漠地区，东距艾利斯泉城300余千米。

自然概况:占地1760平方千米，广阔的红砂土平原一望无际，平原上耸立着艾尔斯岩和卡塔丘塔岩石山，在地质学家的眼里，它们代表着特殊的构造和侵蚀过程。

气候特点:属热带气候，年平均气温在27℃以上。年平均降雨量不足250毫米。

动植物分布:植物以橄榄树和耐旱的草木为多见，爬行类动物有70多种，哺乳类动物有40多种。

资源特产:农产品基本能达到自给。地下有石油、天然气、铀等储藏，但不准开发。

游览须知:这里的土地为阿纳古土著人所有，由澳大利亚公园管理局与阿纳古人合作管理。按照当地土著人的禁忌，这里的很多地方都禁止拍摄。乌卢鲁巨石上的有些区域被奉为神圣区域，那也是不准拍摄的。不要从这里拣走石头，否则有可能给自己带来麻烦。

进入乌卢鲁国家公园之前，游人们都要接受一番教育。管理人员在白板上画出整个公园的俯视图，上边大片的阴影表示禁止游览和拍摄的区域。不仅是游人，就连科研人员来这里也不受欢迎，怕的是他们的研究成果引来太多的参观者。澳洲人建立国家公园的目的不是为了开发，而是保护这里的荒野永不被开发。公园的管理人员还经常研读早期欧洲探险家的笔记，为的是把这里的生态和人文环境恢复到欧洲人到达之前的模样。

尽管设了很多限制，而且乌卢鲁国家公园地处偏僻，这里还是吸引了全世界各地数十万的游客，因为公园内有一块世界上最大的整块不可分割的单体巨石，据说距今已有5亿年历史。它高348米，长3000米，基围周长约8.5千米，东高宽而西低狭，形状好像两端略圆的长面包，色泽赭红，表面光溜溜的，在周围空寂无物的红色平野中央，它毫无征兆地拔地而起，显得突兀，而孤独中又带有君临天下的霸气，给人以壮观而又神秘的感觉。它的岩面上有无数平行的直线纹路，中间有一条纵向的凹陷，相传这是传说中蛇女爬过的痕迹。

当地人管这块巨石叫乌卢鲁，意思是“大地之母”，也有人说它意为“庇难及和平的地方”。在地图上它还有一个名字，叫做“艾尔斯岩”。1873年，一位名叫威廉·克里斯蒂·高斯的测量员横跨这片荒漠，就在他又饥又渴的时候，眼前突然冒出一块巨石来，他当时还以为是一种幻觉。高斯来自南澳洲，就以当时南澳州总理亨利·艾尔斯的名字命名这座石山。但这个名字在当地极少被使用，土著人叫它“乌卢鲁”已经有好几千年了。

艾尔斯岩之所以有名，不仅因为大，还因为它能“变色”。每天凌晨，当熹微的晨光穿过远处的天际，向空旷的沙漠中投射来第一丝光线，这块巨岩就由漆黑色变成淡紫色，渐渐显出轮廓。随着太阳逐渐升高，巨岩的颜色不断变化，从嫣紫、绯红、深红转为淡红、金黄，令人目眩神迷。黄昏时，夕阳西下，如火的巨石逐渐暗淡，由红转紫，黯然没入黑暗之中，仿佛完成了一次神秘的轮回。骑着骆驼眺望落日余晖中的巨石，成为许多游客趋之若鹜的项目。而当沙漠中下起大雨时，据说巨石会变成黑色，好像在向人们诉说着它的威严。

来到乌卢鲁国家公园，很多人都想攀登艾尔斯岩。岩上专门设有绳索，为攀登者提供帮助。但对于阿纳古人来说，这块巨石是圣地，他们自己是绝对不会登上去的。在这块圣石上，有些地方是男人的圣地，有些地方是女人的圣地，不可以让异性看到。至于游人们攀爬巨石，在他们看来是大不敬，曾多次进行过抗议，但没有什么效果。于是，他们就改抗议为诅咒。每年总有三五个人从石上掉下来摔死，阿纳古人认为这就是诅咒生效的缘故。

在乌卢鲁国家公园里游览，众多的禁忌让人很不习惯，但仔细一想，便可以释怀了。土著人对这里的一石一草都奉若神灵，而游人们临走之时总要揣块石头留做纪念，不顾这里立有“禁止采石”的标志。一块石头不大，但若是一年揣走十几万块，又会怎么样呢？到头来还真得感谢土著居民执著地守护着看似无理

的信条，不然的话，不惧怕任何神灵的文明人很快就会毁掉这块地方。

有趣的是，那些被窃走的石头又源源不断地从世界各地被寄回来，甚至不顾及昂贵的国际邮费。许多寄件人附信称，红色岩石给他们带来了坏运气，因此决定物归原主。公园的管理人员称，“几乎每天都能收到这样的包裹”，他们负责把这些石头碎片重新放回到艾尔斯岩上。

在距离艾尔斯岩西部约 30 多千米的地方，又有一座巨大的岩石山突兀耸立，它比乌卢鲁还高出 200 多米，但不是一整块，而是由 36 座小山头组成，当地的土著人贴切地将它称为卡塔曲塔，意思就是“很多脑袋”。与艾尔斯岩一样，它在地图上也有另外一个名字，叫做奥尔加岩山，只是当地人很少有人这样叫它。

奥尔加岩山与艾尔斯岩属于不同的地质构造，原是一块圆形的岩石，后来分化成了 36 块巨石。与艾尔斯岩相同的是，这里也是阿纳古人的圣地，只准男性进入，女性绝对不准入内。对于游人则没有这样的性别禁忌，但只开放两条步道，其余的地区禁止擅入。

早在 1987 年，乌卢鲁和卡塔曲塔的岩石组合就被列入世界自然文化遗产名单。1994 年，人们对它重要的文化价值有了更深刻的认识，又在世界文化遗产中对它重新登记，于是它就成为世界上第二个被称为“文化景观”的世界遗产之一。在此之前，只有新西兰的汤加里罗国家公园于 1993 年获此殊荣。乌卢鲁国家公园和汤加里罗国家公园被成功地提名为“文化景观”，致使后来的世界文化遗产委员会正式接受了“文化景观”这一概念，并运用它来认定那些保留着浓厚宗教、艺术、文化等信息和自然地理特征的风景区。

Tongariro National Park

汤加里罗国家公园

新西兰最著名的火山公园
新西兰的旅游胜地
园中栖息着新西兰国鸟

新西兰北岛的罗托鲁瓦—陶波地热区是世界上最早的水疗胜地，也是世界三大地热区之一，堪称南半球的温泉天堂。在新西兰土著毛利人的语言中，“罗托鲁瓦”就是“火山口湖”的意思。

来到罗托鲁瓦—陶波地热区，你会感觉到这是一个很奇特的地方。整个平原上到处都是发出嘶嘶叫声的间歇泉和冒着沸泡的泥塘，平静的湖面与溪

Tongariro National Park

地理位置:位于新西兰北岛中央,坐落在罗托鲁瓦—陶波地热区南端。

自然概况:园内有 15 座近代活动过或正在活动的火山口,呈线状排列,向东北延伸。其中包括三个著名的活火山,即汤加里罗、瑙鲁霍伊、鲁阿佩胡火山。总面积 765.4 平方千米。

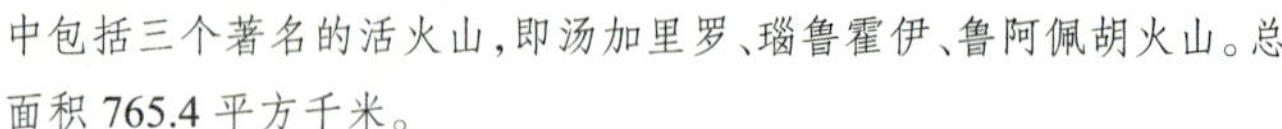

气候条件点:属温带海洋性气候,终年盛吹西风,冬季温和,年平均气温大约为 15℃。年均降水量在 500 毫米左右。

动植物分布:火山西侧生长着茂密的原始森林,高坡上长着石南和草丛,再往上则零星生长着山毛茛和蜡菊。森林里生活着成群的黑燕鸥、鹦鹉等,泥沼中栖息着野鸭,还有新西兰特有的几维鸟。

资源特产:1861 年时这一带发现金矿。火山泥面膜是当地最有名的特产,有非常好的美容效果。

游览须知:在地热区有水的地方,不要用手去触摸,以免被烫伤。

Tongariro National Park

流上扬着蒸汽,炫目的矽石台地显现出万花筒的颜色,就连居民住宅的小花园里也冒出白色的蒸汽,空气中更是弥漫着一股硫黄的味道。

这种奇特的景象要归于这一带的火山,它们的频繁活动给地球内部高热造成的蒸汽提供了孔道,不时地窜到地面上见见天日。汤加里罗国家公园就坐落在罗托鲁瓦—陶波地热区的南端,园中有 15 座火山一字排开,伸向东北。它们有的曾在近代活动过,有的目前还在活动期中。这里层峦叠嶂的群山以及火山活动的奇景,吸引着来自世界各地的游客。

汤加里罗国家公园的核心是三座驰名世界的活火山,分别名为汤加里罗、瑙鲁霍伊和鲁阿佩胡。

汤加里罗火山海拔 1968 米,峰顶宽广,布满截头峰、火山锥和火山口。它的最大特征是火山口不止一个,包括北口、南口、中口、西口、红口等。它的山坡上有一个神奇的凯

塔泰希喷泉。这里有许多间歇泉向空中喷射着沸水，还有许多泥塘沸腾翻滚，冒着气泡，气泡的爆裂声震耳欲聋，硫黄味更是浓烈刺鼻。“汤加里罗”在毛利语中意为“吹南风(冷风)的地方”。这里冬季山顶上覆盖着皑皑白雪，夏季山顶上飘浮着朵朵白云，如此美丽的风景在毛利人的眼中不属于人间，他们便认为山上的云彩是神仙在飘舞，于是称呼新西兰为“阿奥特阿罗”，意为“白云缭绕的地方”。

鲁阿佩胡火山海拔 2797 米，是北岛的最高点。它的火山口直径 400 米，口内终年积雪，内有一个硫黄湖，湖水很热。鲁阿佩胡是一座只有 75 万年的“年轻”的活火山，自 19 世纪 30 年代以来，鲁阿佩胡火山一直处在活动状态中，每隔几年就有一次剧烈的喷发，喷出的火山灰像雨点一样洒落在周围的原野上。这一带的广阔高原都是由火山熔岩形成的，由此成为地球上火山岩堆积最多的场所之一。

鲁阿佩胡火山的顶峰四季积雪，总是能吸引很多滑雪爱好者来这里享受在活火山上滑雪的乐趣。不过，享受这种乐趣是需要有一点冒险精神的。1953 年，鲁阿佩胡火山口中的湖水决岸而出，夹带着大量漂石和冰块顺坡而下，摧毁了一座铁路桥，造成一列火车坠毁，致使 151 人丧生。1969 年，又发生一次类似事件，冲毁了一个滑雪区，幸好当时是夜间，滑雪场里没有人，不然后果不堪设想。

瑙鲁霍伊火山与鲁阿佩胡火山不同，它的顶峰只在冬天积雪。海拔

鲁阿佩胡火山

瑙鲁霍伊火山

Tongariro National Park

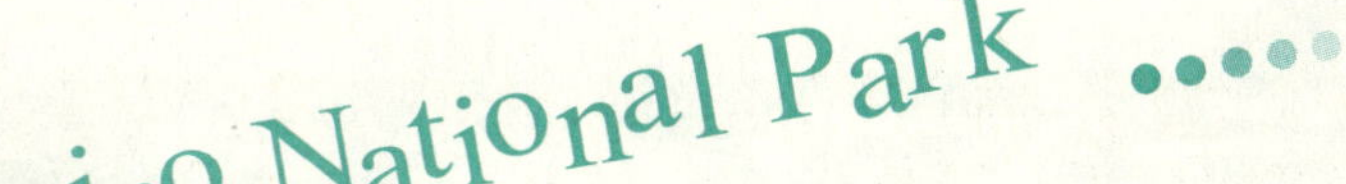

2291 米，火山口中常常升起一股巨大的白色烟柱，烟雾升腾，常年不息。在毛利语中，"鲁阿佩胡"就是"喷火的火口"的意思。瑙鲁霍伊火山的喷发多姿多彩，有时喷出的熔岩只顺着山坡流淌，有时将火红的熔岩喷向空中，不断发出刺耳的巨响。在这三座火山中，以瑙鲁霍伊火山最为壮观，它呈圆锥形，山坡陡峭，山顶内热外冷。它的火山口的形状还会随着火山的喷发不断发生改变，在主火山口内形成或重新生成次生火山锥。

根据科学家的研究，这一地区的火山活动始于 200 万年以前。而在毛利人的传说中，这里的火山是毛利人的祖先带来的。公元 9 世纪~12 世纪时，毛利人的祖先乘坐 7 条独木舟，在首领恩加图鲁的率领下，从气候温暖的家乡波里尼西亚朝南旅行。在北岛登陆后，他们远远地看见汤加里罗山上有火光，恩加图鲁就让大家留在湖畔等待，他自己带着女仆瑙鲁霍伊前去看个究竟。临行前，留守的人都发誓，恩加图鲁不在时他们绝不吃东西。就在恩加图鲁登山的时候，那些人背弃了誓言，神灵非常生气，就降下暴风雪。恩加图鲁急忙向本国的众神求援，波利西亚的众神从地下将火种传到这里，变成巨大的火柱，从汤加里罗山和另一个火山口中喷射而出。只可惜地火来得太晚，未能把冻僵的女仆瑙鲁霍伊救活，恩加图鲁便把她的尸体扔进了火山口。为了纪念这位女仆，后人便用瑙鲁霍伊的名字为它命名。

罗托鲁瓦湖

因为有这样的传说为背景，这三座火山被毛利人视为圣地，死后能埋葬在圣山中，那是最大的幸福。他们还认为“自然之宝是永恒的，而人间创造之物是会消灭的”，所以他们自己是绝对不会去攀登圣山的，也竭力阻止别人去攀登。1839 年，英国植物学家比德 · 威尔登上了瑙鲁霍伊火山的顶峰，就在他登山途中，瑙鲁霍伊火山突然喷发了，他听到“颇像蒸气机安全阀放气”的响声，持续了大约半个小时；还看到“不远处升起一股黑烟，接着散开成蘑菇状”。土著人非常愤怒，认为威尔惹恼了山神，才造成这次喷发。威尔不得不向他们解释说，他对圣山没有丝毫的不敬和伤害，而土著的禁忌并不适用于欧洲白人。

1861 年，随着金矿的发现，这一带的英国移民人数大增。毛利人担心这三座圣山被欧洲移民所接管，更担心欧洲人把它们分片出售，就在 1887 年由毛利族酋长蒂赫赫图基诺四世为代表，以这三座火山为中心，连同周边半径大约 1.6 千米的土地全都献给国家。1894 年，新西兰政府将这三座火山连同周围地区正式辟为国家公园，定名为汤加里罗公园。

经过上百年的精心维护，如今的汤加里罗国家公园已经成为新西兰最著名的旅游胜地，每年来这里参观的游客成千上万。进入园中，由火山灰铺成的

Tongariro National Park

银灰色大道在山间蜿蜒行进，苍翠的天然森林环抱着群山，繁花似锦的草原上绿草茵茵，高山湖绿波荡漾，云雾缭绕。这里的沸泉一年四季热气蒸腾，水柱在灿烂的阳光下闪烁着奇光异彩，走到近前可以看到沸流高喷，还发出呼呼的响声。哪怕是在寒冷的冬天，游人们也可以跳进热泉天然游泳池中畅游，游得满身冒大汗，再让冷风一吹，那感觉真是舒服极了。

汤加里罗公园里的地面上有很多喷气孔，里面喷出的蒸气高达摄氏百度以上。游人找来几根树枝或木条，就可以架成“地热蒸笼”，放上生马铃薯甚至生牛羊肉，都可以蒸熟。

新西兰人非常喜欢几维鸟，喜欢别人称自己是“几维”。在欧洲移民来到新西兰之前，北岛上的几维鸟成群结队。后来由于大量捕食，它们几乎陷入灭绝的境地。为了保护几维鸟，新西兰政府特地在汤加里罗公园中为它们建起了寓所，让它们过上安全的生活。

几维鸟是一种很有趣的鸟，也叫希维鸟、凯维鸟。根据它的叫声，毛利人给它起名“几维”。它的样子很奇特，没有尾巴，连翅膀也几乎退化了，所以人们又叫它“无翼鸟”。没有翅膀就不会飞，它只好生活在灌木

几维鸟

Tongariro National Park

陶波湖

从中，连鸟巢也筑在树干下部，或者干脆做在地面上。几维鸟全身的羽毛蓬松柔软，就像个毛毛的大皮球。它的脖子不长，头显得很小，嘴又尖又细又长，而它的鼻孔则长在嘴的最尖端，这在鸟类中是独一无二的。它视力很差，可听觉和嗅觉却很灵敏。它主要捕食土中的昆虫，喜欢在夜里出来活动，白天则躲在巢里。几维鸟一年只产一个蛋，蛋重达 1 磅。

几维鸟为什么只在新西兰才有呢？原来，早在7000万年前的白垩纪，新西兰曾经同澳大利亚、南极洲连在一起，后来澳大利亚陆块与南极大陆分裂，新西兰就漂离开来。当时地球上还没有哺乳动物，后来其他大陆上出现了高级动物，但由于海洋的阻隔，它们都无法进入新西兰。于是，新西兰就成了古老动物的“安乐窝”，几维鸟和其他一些原始古老的动物就在这里安全地存活下来。

作为新西兰的第一个国家公园，汤加里罗公园于 1990 年就进入了世界遗产名录。1993 年，人们重新认识到了汤加里罗国家公园在自然方面的价值以及公园与毛利人的对应关系，世界遗产委员会决定将它放在“文化景观”的类别里重新纳入世界遗产名录，汤加里罗国家公园由此成为第一个列入世界遗产名录的文化景观。文化景观遗产这个概念的确定，实际上就是从人们对汤加里罗国家公园的重新认识开始的。

Fiordland National Park

峡湾国家公园

新西兰最大的国家公园
世界上最大的国家公园之一
米尔弗德峡湾被誉为“千条瀑布湾”

Fiordland National Park

地理位置:位于新西兰南岛的西南角,濒临塔斯曼海,恰好坐落在太平洋板块和澳大利亚印度洋板块交界处的高山断层上,属地震多发地区。

自然概况:包括火山岛索兰德尔岛在内,占地面积125万公顷。园内海岸线凸凹连绵呈锯形,多峡湾。园内还有南岛最深的马纳波里湖和最大的特阿瑙湖。

气候条件点:属温带海洋性气候,气温低于北岛,四季景色比较分明,年平均气温大约为10℃。年均降水量在2000毫米左右,米尔弗德峡湾的年平均降雨量高达6500毫米。

动植物分布:公园2/3的面积覆盖着森林,大多是南方山毛榉和罗汉松。园内共有25种稀有的或濒临灭绝的动物,如蝙蝠、鼬鼠、马鹿、岩羚羊、本地企鹅、座头鲸、虎鲸、海狮等。

资源特产:拥有石油天然气资源,但政府不准开发。

游览须知:南岛各大城市都有开往峡湾国家公园的旅游车,但需提前预订。

Fiordland National Park

1642年,荷兰航海家阿贝尔·扬松·塔斯曼从爪哇岛的巴达维亚(今雅加达)扬帆起航,前去探测“南方的陆地”——当时荷兰人对澳大利亚的称呼。这次航行发现了塔斯马尼亚岛、新西兰、汤加和斐济,使塔斯曼赢得了“澳洲大陆哥伦布”的美誉,新西兰以西与澳大利亚以东的这片海域,就以他的名字命名为塔斯曼海。

新西兰主要由南岛和北岛两个大岛组成,南岛南半部的广阔区域都属于自然保护区的范围,占新西兰国土面积的近十分之一。在这片广袤的土地上,一共坐落着4个国家公园,靠北的是库克山国家公园和西区公园,位于西南方向的是阿斯皮灵山国家公园,位于塔斯曼海沿岸的是弗兰德国家公园,按其海岸特征又称峡湾国家公园。在这4个国家公园中,数峡湾国家公园的占地面积最大。

既然名叫峡湾公园,这里所保护的就是为数众多的峡湾。所谓峡湾,就是在高纬度地区,冰川伸入海洋后,在岸边侵蚀成一些很深的U型谷。冰川退后,海水沿着谷地进入很远,原来的冰谷便成了峡湾。世界上峡湾发育得比较典型的地方,除了新西兰塔斯曼海沿岸以外,还有北欧的挪威,但总的来说,世界上只有屈指可数的几处。

峡湾国家公园中零星分布着14个峡湾,它们总长44千米,深达

500 米。比较而言，南面的峡湾更长，入海口更宽。这一带古时候是一片高原，经过千万年的风雨冰雪侵蚀，形成了无数的高山峻岭，悬崖绝壁。站在高处，但见半岛突露，峡湾内波平浪静，水面湛蓝而深邃，湾外浩渺无际，巨浪滔天，难怪这里被誉为兼具“高山园林和海滨峡地之胜”。

峡湾国家公园中最壮美的峡湾要数米尔弗德峡湾。它是这一带规模最大的峡湾，同时又是最完美地保存了新西兰自然景观的峡湾，号称“世界八大奇景”之一。大约在 200 万年前，一道几千米厚的巨大冰川在这里缓缓移过，在大地上切割出一条幽深的峡谷。冰川退却后，海水乘虚而入，于是就形成了今日的米尔弗德峡湾。与其他峡湾相比，米尔弗德峡湾所在处都是坚硬的石头，所以同样遭到冰川的切割，这里的山形和海岸线就不那么破碎，给人以突兀雄壮的感觉。

米尔福德峡湾

米尔弗德峡湾是大自然最伟大的杰作，它最深处嵌入陆地 40 千米，两岸岩壁陡峭，1692 米的米特峰和 1517 米的象山从海面上垂直拔地而起，气势磅礴非凡，成为峡湾国家公园的标志性景观。米特峰的名字是早期发现米尔弗德峡的探测船员命名的，“米特”原为“教冠”之意，因为它尖尖的形状很像主教头上的帽子。米特峰还有世界上直接从海平面升起的最高峰之称。第一个环新西兰航行的库克船长没有发现这个峡湾入口，直到 1823 年，英国航海家约翰·葛鲁诺率领的船队驶入这个峡湾，他就套用自己的家乡米尔弗德港的名字来称呼这个罕见的大峡湾。

游览米尔弗德峡湾可以坐旅游车，也可以坐直升机，但通常的游览方式一是水上行舟，二是陆地徒步，相比之下，选择前一种方式的游人占了大多数。乘上白色的游览船走一趟，往返需要两个小时左右。沿途所见到的是群山合围，峭壁万仞，高山的巨大阴影投在水面上，为峡湾蒙上一层神秘的色彩，其景色与长江三峡有几分相似，不同的是，游船下流淌的海水蔚蓝清澈，两边山峦青翠，而山顶却常年积雪。令人惊喜连连的是，站在船舷边望去，能看到礁石上懒洋洋躺着享受日光浴的海狮，海狗在山壁岩洞中悠闲徜徉。每到 10 月，还会有金眼企鹅来到海岸边筑巢。最能让醉心于山光水色的游人不时地发出阵阵惊叹的是，不时会有顽皮的海豚跳起嬉戏，一会儿潜入水底，一会儿跃出水面，好像在故意展示它们高超的泳技。

米尔弗德峡湾的飞瀑流泉也同样美妙无比。如果能赶上下雨天，群山同泻千条水带的奇景，会让人终生难忘。即使是平时，挂在峭壁上的无数条瀑布，好像天河倒泻一般直入大海，也无愧于它"千条瀑布湾"的美名。这里最著名的瀑布名叫苏瑟兰瀑布，当地土著毛利人形象地把它称为"白丝带"。它分三级喧腾而下，总落差达 580 米，成为南半球第一大瀑布。

当游船驶到米尔弗德峡湾终点清晰可见的地方，岸边又会出现一条高达 160 米的瀑布，它就是 1871 年以新西兰总督夫人名字命名的博恩瀑布。至于这颀长的瀑水是能联想到博恩夫人苗条的身材，还是能联想到什么人秀美的长发，那就看个人的想象力了。而当游船从瀑布下面驶过时，从天而降的水雾只会让猝不及防的游人又惊又喜，所有的想象都会变成对米尔弗德峡湾恋恋不舍的情结。

距离博恩瀑布不远的地方，有一个

水下观光站，在这里可以观赏到峡湾水下的神秘世界。米尔弗德峡湾并不是深入陆地最长的峡湾，却以水深而著称，最深的地方达 400 米。由于这一带降雨丰富，经常有大量淡水从周围的山上汇入峡湾，在峡湾表面形成厚厚的淡水层，就像一层浮油，使得下面的海水温度不易扩散，同时也抑制了海潮的作用。在水深 3 米~5 米的地方，水逐渐变得清澈而平缓，由此往下是海水部分。

独特的峡湾水底环境使得这里出现了一个令人不可思议的水域。在这个水域，温带海洋生物与深海生物共生共存，构成一幅全球罕见的水中奇景。在一般情况下，黑珊瑚只能生长在水深 45 米以下的地方，而在米尔弗德峡湾中，水深 10 米的地方就能看到它的踪影。从外表看去，黑珊瑚也是白色的，但它的骨骼是黑色的。众多微小的白色生物附着在黑珊瑚的骨骼上，使得它成为洁白而美丽的珊瑚树。

米尔弗德峡湾的岸边素有“全世界最好徒步旅行路线”的美称，一般要走 6 天 5 夜，还要有专业向导的带领，游人一般都不会选择这条游览路线。但如果你肯不吝体力，走上这条最适合寻幽探秘的路上，一定会收获无数的美和喜悦。远山白雪皑皑，近处岩石嶙峋，脚下的溪水汩汩流过，溪边一片苍翠欲滴。沿着崎岖的山路穿过密不透风的丛林，转眼间白云和飞瀑又把你领进另一重天地。

徒步前往米尔弗德峡湾游览，对于来自世界各地爱好自然保护的游客特别有吸引力。米尔弗德峡湾称得上世界上少数的最潮湿的地区，正因为雨水丰足，雨林便格外茂盛，很多稀有的野生动植物在这里安家落户，好些都是新西兰本地

米尔福德峡湾

Fiordland National Park

特有的品种。比如号称“森林精灵”的弗兰德企鹅，每年秋天，它们都会回到这一带的森林中产卵、繁衍后代，为这个濒临灭绝的物种保留着宝贵的希望。

除了峡湾外，峡湾国家公园里还有新西兰南岛最深的马纳波里湖和最大的特阿瑙湖。在毛利语中，马纳波里湖的意思是“伤心湖”。它长约 29 千米，面积约 190 平方千米，最深处达 443 米。湖中多岛，较大的岛屿约有 30 个，所以曾名百岛湖。在马纳波里湖南、北、西三个方向各有一个狭长的湖湾向前延伸，形状好像驰骋的骏马。湖的周围群山环拥，碧波闪闪，林绿草翠，雪白冰洁，被誉为“新西兰最美之湖”。

马纳波里湖地处南岛的西南端，利用湖水与太平洋的落差所产生的能量，新西兰人修建了一座水电站。为了增加发电量，新西兰政府曾计划提高湖的水位，但此举可能淹没湖泊沿岸及周围森林，引发周围山坡的泥石流并威胁到下游农场和居民的安全，自然景观和生态将遭到破坏。新西兰号称“世界上最后一块净土”，新西兰人一向热爱大自然，他们当然不能容许政府有此作为，于是就在上个世纪 60 年代初发起了一场“拯救马纳波里湖运动”。这是新西兰历史上第一场全国性的环保运动，在 10 多年内席卷全国，不仅提高了全体国民的环境保护意识，还最终影响了政府决策。1972 年工党上台执政后，决定不抬高马纳波里湖的水位，并成立专门的监管委员会，负责保护整个南岛的生态环境。

特阿瑙湖长约 61 千米，最宽处不足 10 千米，面积约 400 平方千米。在它的西部有三个狭长的湖峡直插山间，形如低头吃草的长颈鹿。湖西岸山深林密，林中多野生动物，历来是狩猎胜地。湖四周多小港汊，出产鲑鱼、鲟鱼，泛舟湖上，垂钓船头，闲适的时光悠然而过。

1948 年，有人在特阿瑙湖滨发现了一个岩洞，洞内有地下河和两个地下瀑布，水声轰鸣，回荡不绝。岩洞内石笋丛生，石幔挂壁，钟乳吊顶，如果灯火齐明，犹如神仙洞府。可是，这里并不像其他岩洞那样安装有照明灯具，但从洞外向里边望去，却是明光熠熠，洞中的一石一景全都清晰可辨，一反岩洞幽深黑暗的景象。当人们进入洞中，即使把脚步放得很轻，也会像突然触动了什么开关，顷刻之间，亮光消失，一切全都归于黑暗。静静地等待一段时间，漆黑的洞顶上又会亮起一点“星光”，接着，此呼彼应，“众星”闪烁，最后照得整个洞穴晶莹明亮，仿佛所有的岩石都在发出淡淡的光芒。

这种奇异的现象是怎样产生的呢？原来，洞里居住着一种特殊的蝇类幼虫，它们以洞为家，在洞顶上、石缝中结网发光，坐待那些趋光性的小虫自投罗网。然而，这些小虫本身又是许多鸟类的捕食对象，为了自身的安全，它们对声音特别敏感，一有动静，便立即熄“灯”隐匿，直到感到威胁已去，才会重新发出光来。在新西兰北岛上的怀托莫溶洞中也有这种奇观，都是那种蝇类的幼虫在作怪。

瓦卡蒂普湖

在新西兰南岛上还有一个湖泊，它就是皇后镇旁边的瓦卡蒂普湖，虽然这个湖不在峡湾国家公园的领域里，但游览米尔弗德峡湾通常要从皇后镇出发，所以很多游人都不会放弃观赏这个新西兰第三大湖的机会。

瓦卡蒂普湖属于古老的冰蚀湖，形状好似一个巨大的"S"，蜿蜒于崇山峻岭之间。湖岸四周野花遍地，山青树秀，景色十分宜人。卡蒂普湖的湖水十分神奇，像海水一样有潮涨潮落，而且每隔 5 分钟就涨落一次，很有规律，被称为"有生命的湖泊"。古代毛利人认为湖中有妖怪，湖潮涨落是湖妖呼吸造成的，所以给它取名"瓦卡蒂普"，在毛利语中意思就是"妖魔的水槽"。毛利人又称这个湖为"巨人湖"，这个名字来源于一个古老的传说。

相传在很久很久以前，这里居住着一个作恶多端的巨人，他专门强抢年轻漂亮的女人做他的奴仆，人们对他深恶痛绝，却拿他无可奈何。有一个年轻的毛利族勇士决心铲除这个恶魔，便秘密地跟踪巨人，终于发现了他有一个弱点，那就是每逢春回大地的时候，温暖的春风就会熏得他昏然入睡。

春天又来了，这位勇士抓住这个千载难逢的好机会，放出所有被囚禁的妇女，然后大家齐心合力，找来大量的干柴枯草，堆积在巨人的周围。勇士点燃柴草，烈火熊熊而起，转瞬间就把那个巨人烧成了灰烬，而在他躺过的地方露出一个深深的大坑。高山上雪水奔流而下，灌满了这个深坑，就形成了现在这个深不见底的瓦卡蒂普湖。巨人虽然被消灭了，但毛利人认为他的心脏还留在湖底，瓦卡蒂普湖的潮涨潮落，就是巨人心脏有规律的跳动。

漫步在瓦卡蒂普湖畔，回味着这个神奇的传说，倾听着那富有节奏感的潮水声，回想着峡湾国家公园那诗画合一的美景，在梦幻般的背景中恍惚，那奇妙的感受足以不负人世一行。

库克山国家公园

库克山素有“新西兰屋脊”之称
新西兰海拔最高的国家公园
拥有南北极之外最大的冰川

Mount Cook Nation

Mount Cook Nation

地理位置:位于新西兰南岛中西部,与峡湾国家公园相背而立。南起阿瑟隘口,西接迈因岭,处于南阿尔卑斯山景色最壮观秀丽的中段。

自然概况:地势狭长,达 64 千米,最窄处只有 20 千米,占地 70011 公顷。公园内雪峰此起彼伏,3000 米以上的高峰多达 22 座,其中库克山雄踞中间,海拔 3764 米,是新西兰最高峰。1953 年起辟为国家公园。

气候条件:属温带海洋性气候,四季景色比较分明,年平均气温大约为 10℃。年均降水量在 2000 毫米左右。9 月至 11 月为春季,12 月至次年 2 月为夏季,3 月~5 月为秋季,6 月~9 月为冬季。

动植物分布:除了草地、灌木、野兔、羚羊,当地最值得一提的植物是库克百合花,动物则是啄羊鹦鹉。

资源特产:传统的新西兰纪念品有精致的毛利木雕、骨雕和绿玉雕,还有用鲍鱼壳制成的珠宝和饰品、精致的手织羊毛衫、壁挂等。

游览须知:一般情况是不需要付小费的,只有在特别麻烦服务人员时,如司机帮忙搬运厚重行李时,最好给小费。机场和车站搬运行李的服务生的费用必须付,但这不是小费,而是规定的费用。

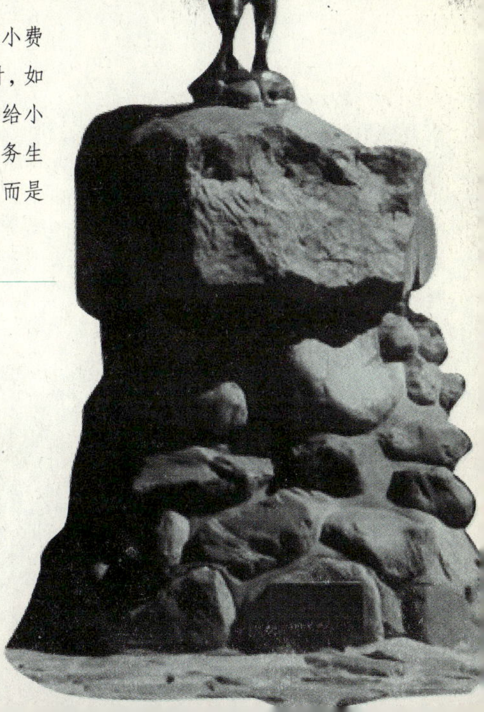

澳洲的地名很多是从欧美借来的，澳洲的南阿尔卑斯山就是原封不动地借用了欧洲阿尔卑斯山的名字，只是前边加了个“南”字。与欧洲的阿尔卑斯山相比，澳洲的南阿尔卑斯山自然逊色了许多，但它作为新西兰最高大的山脉，其巍峨高耸之势无山可比。它的主峰库克山是新西兰第一高峰，素有“新西兰屋脊”之称；库克山东侧长达28.9千米的塔斯曼冰川，则是新西兰最长的冰川，又是全世界除了南北极之外最大的冰体。仅凭这两点，新西兰人就完全可以为他们的南阿尔卑斯山而自豪了。

为了保护这里的自然环境，新西兰人在南阿尔卑斯山中建立了好多座国家公园，有纳尔逊湖国家公园、阿瑟山口国家公园、西部国家公园、阿斯皮灵山国家公园，而以库克山国家公园最为引人注目。

库克山国家公园中群峰竞高，各具奇观，巉崖绝壁，陡峭险峻。而谁会想到，早在1.5亿年前，这片群山还是沉在海底的一片大地，只是在1000万年前才开始上升，在轰隆隆的造山运动中成为山地。而在当地土著毛利人的神话中，库克山群峰是人变的。天神兰奇和地母帕帕结合，生出了很多很多子孙，其中有一个叫奥兰奇，意思是“长白之云”。有一天，他和3个兄弟乘坐巨型独木舟渡海，来到新西兰，独木舟沉入海底变成南岛，乘船的人变成了岩石，奥兰奇则变成了新西兰最高峰库克山。

在新西兰旅游，到处都会遇见毛利人。他们是新西兰的第二民族，毛利语在部分地区也很通行。毛利人能歌善舞，待客热情隆重，但迎宾礼节很是奇异。当远方贵宾来访时，他们既不鼓掌，也不上前同你握手，而是鸦雀无声地排列成队。

Mount Cook Nation

在一阵长时间的沉寂后，队伍中突然走出一个赤裸着上身的中年人，先是一声洪亮的吆喝，然后就做出各种引人发笑的怪相，接着又引吭高歌一番，年轻的姑娘则在人们的伴唱中翩翩起舞。这时候，部落中最孚众望的长者走到来客面前，和来客碰鼻子。这是毛利人最高的礼节，碰鼻子的时间越长，就说明礼遇越高。

毛利人还有一种“挑战式”的欢迎仪式，更为隆重。男子光着上身，一面吆喝，一面手持长矛向客人挥舞过来，并不停地吐着舌头。舞到客人跟前时，他们将一把剑或是树枝扔在地上。据说这样做最初是为了试试来者是朋友还是敌人。客人为了表示友好之意，就要把剑或是树枝拣起来。

与其他大洲的高山相比，库克山不算很高，但它的山顶终年被冰雪覆盖，还潜藏着突如其来的风暴或雪崩等危险，因此攀登的难度很大。1894 年，三位新西兰登山家首次登顶成功，但并非所有人都如此幸运。据统计，历年来已有 100 多人死于库克山山难。

尽管如此，库克山还是能吸引众多的游人。他们通常是乘当地的直升机来到半山，然后再向山上爬一段，即使最终未如愿登顶，还是能体会到进入人间仙境的感觉。这里万里无云，洁净如水，空气清新冷冽，阳坡的积雪不多，阴坡的积雪还有厚厚的一层。在它们的交界处，残雪在黝黑的山石上画出了静止的“瀑布”，大有水墨画的味道。

除非专业的登山家，一般人来到库克山，兴趣往往不在登顶，而在见识塔斯曼冰川的风貌。库克山国家公园中有雪山、河流、湖泊、山林，还有动物和高原植被，这些都能带给人莫大的惊喜，而唯一一处其他地方无法比拟的景观却是塔斯曼冰川。它位于库克山东侧，从冰冠开始向下延伸，在将近海拔 700 米的地方冰舌才开始溶化成水，形成塔斯曼河。冰川上厚厚的冰墙层层叠叠，而冰川内部由于移动而带着山体的碎石下滑，使得冰河表面形成了无数的裂缝和冰塔，造型千姿百态，在阳光的照耀下光彩夺目。乘坐特制飞机在塔斯曼冰川上着陆，可以近距离地观赏它的奇特景象，而许多人只能从望远镜里远望冰川而兴叹。

库克山上从顶峰向东西两侧，迤逦着一条条冰川，塔斯曼冰川在东侧，西侧有胡克冰川。冰川下部有冰雪融水形成的河流、沼泽、湖泊。这里的湖泊因类型不同而出现出不同的颜色，冰蚀湖呈深赭石色，雨水湖清澈翠绿。而不管是什么湖，都保持着雪山玉洁冰青的本性，湖面上漂浮着浮冰，碧波间倒映进万重山影，气象万千，景色秀美，让人着迷。

库克山国家公园中还有一个特别吸引游人的地方，那就是著名的胡克谷步道。它全长不过 9 千米，走一个来回只要三四个小时，却能遍赏库克山的美景。走在千年以前冰川走过的路上，沿着胡克溪谷往库克山方向前进。一路上潺潺的溪水欢快地转来绕去，与你始终不离不弃，青翠的高山草地上无数美丽的花朵灿烂相迎。就在你感觉有些疲惫的时候，一座纪念碑矗立在你的眼前，它名叫高山纪念碑，这里地势较高，是眺望山谷景色的绝佳地点。

再往前走，就接近了穆勒冰川。这条冰川的下边形成了一条穆勒冰湖。穆勒冰川和胡克冰川的融水注入了穆勒冰湖，前者的融水是蓝色的，后者的融水是灰黄色的。穆勒冰湖的湖水呈现出两种颜色，其奥妙就在这里。

Mount Cook Nation

胡克谷步道的尽头是终点湖。这也是一个冰河湖，靠近冰川那一端的湖水一片湛蓝，似乎有几分神秘，靠近出口的湖水则是不透明的黄色，好像苹果汁饮料一般浓，两种颜色相连的地方，仿佛在黄色的广告颜料中掺进了蓝绿色的颜料，但彼此不相混合。夕阳西下的时候，随着光线的不断变换，冰湖上蓝色的部分映出前方高山的倒影，而黄色的部分则闪现出金色的光芒。看到如此神妙的景色，没有人舍得离开。

一般游客走到终点湖就按原路折回了，如果还想继续前行，就得雇佣向导，因为前边的小道更加崎岖，危险性也增大了。还有一个小小的烦恼，那就是湖边有很多沙蝇。这种小动物与苍蝇差不多，紫蓝色的翅膀让人觉得它很可爱，可是它会像蚊子一样叮人，而且常常结队攻击，挥之不去，不能不让人心生厌恨。

除了胡克谷步道外，这里还有许多短程步道，如终点为高山啄羊鹦鹉角的高山鹦鹉角小径，走一个来回需要 3 个小时，沿途可以欣赏胡克山谷、穆勒冰河与冰河湖的风光。这条步道上还有一条岔路，直通景致优美的西莉池。如果你想欣赏胡克湖的风光，那就沿着维克菲尔小径走一遭。

走在库克山国家公园中的步行小道上，收获的不仅是美景带来的愉悦，还有美好的心情。只要迎面有人走过来，尽管素不相识，但大家都会主动上前相互打招呼，好像老熟人一样。由此不由得想起城市人，走在熙熙攘攘的大街上，有时候连熟人都懒得瞅一眼。不能说人没有淳朴的本性，只能说文明社会反倒让人生出戒备之心，而医治人与人关系日益疏远的良药，也许就藏在淳朴的大自然中。